Jeden Tag ein bisschen besser

MATHEMATIK

6. Schuljahr

von
Fritz Kammermeyer
Roland Zerpies

Illustriert von Detlev Schüler

Cornelsen
SCRIPTOR

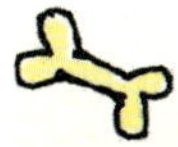

Die Autoren:
Fritz Kammermeyer und Roland Zerpies unterrichten Mathematik an einem Gymnasium. R. Zerpies ist außerdem schulpsychologischer Berater.

Dieses Heft enthält die Preise in Euro.

Cornelsen online http://www.cornelsen.de

Gedruckt auf chlorfrei gebleichtem Papier
ohne Dioxinbelastung der Gewässer

Die Deutsche Bibliothek – CIP-Einheitsaufnahme

Jeden Tag ein bisschen besser. – Berlin : Cornelsen Scriptor
Mathe. Schuljahr 6. / von Fritz Kammermeyer ; Roland Zerpies 1999
ISBN 3-589-21204-7

Dieses Werk berücksichtigt die Regeln der reformierten Rechtschreibung und Zeichensetzung.

5.	4.	3.	2.	1. ✓	Die letzten Ziffern bezeichnen
03	02	01	2000	99	Zahl und Jahr des Drucks.

Redaktion: Stefan Giertzsch, Berlin
Typographie: Julia Walch, Bad Soden
Umschlagentwurf: Vera Bauer, Berlin, unter Verwendung einer Illustration von Roland Beier, Berlin
Illustrationen: Detlev Schüler, Berlin
Hundemotive: Roland Beier, Berlin
Sachzeichnungen: Stefan Giertzsch, Berlin
Satz: FROMM MediaDesign GmbH, Selters/Ts.
Druck und Bindung: Clausen & Bosse, Leck
Printed in Germany
ISBN 3-589-21204-7
Bestellnummer 212047

Vorwort 5

1 Geteilt und ganz geblieben 6

2 Zerlegen bringt Segen 8

3 Geteilt und zerbrochen 10

4 Schokoladen- und Tortenstücke 12

5 Bruchteile 14

6 Neue Zahlen steigen auf 16

7 Verschieden und doch gleich 18

8 In der Kürze liegt die Würze 20

9 Große Brüche, kleine Brüche 22

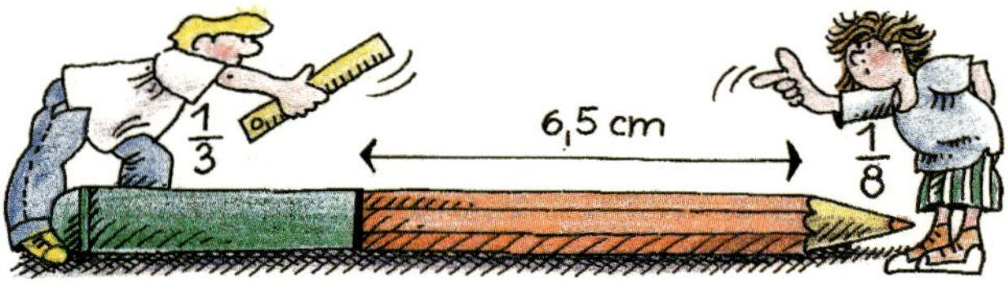

10 Zusammengebrochen 24

11 Weggebrochen 26

12 Mehrfachbrüche 28

13 Durchbruch 30

14 Kein Einbruch beim Bruchrechnen 32

15 Bruch und Dezimalbruch 34
16 Alles in Ordnung 36
17 Eine runde Sache 38
18 Dezimalbrüche plus und minus 40
19 Dezimal mal Dezimal 42
20 Geteilte Dezimalen 44
21 Die Mischung macht's 46
22 Dezimalbrüche: endlich und unendlich 48

23 Winkelzüge 50
24 Und noch mehr Winkel 52
25 Zusammengebaut 54
26 Da ist was drin 56
27 Jetzt geht's rund 58

28 Je mehr, desto mehr 60
29 Vom einen mehr, vom anderen weniger 62

Vorwort

Hallo, liebe Schülerin, lieber Schüler!
Hallo, liebe Eltern!

Wer ***jeden Tag ein bisschen besser*** wird, ist bald sehr gut!

Dieses Heft stellt auf jeder Doppelseite ein Thema aus dem Mathematikunterricht der 6. Klasse vor, das in einer Viertel- oder einer halben Stunde bearbeitet werden kann. Eine Doppelseite pro Tag genügt völlig. Man schreibt einfach direkt ins Heft rein. Ist einmal nicht genug Platz, kann auch alles auf ein Blatt Papier geschrieben werden.

In der Mitte des Heftes haben wir einen Lösungsteil zum Heraustrennen eingeheftet. Damit sollten immer gleich die Ergebnisse überprüft werden. Das ist ganz wichtig, um in Zukunft Fehler zu vermeiden!

Und nun viel Spaß und viel Erfolg!

1 Geteilt und ganz geblieben

Das Datum von heute 15.10.01

Die 24 Stückchen einer Tafel Schokolade werden zu gleichen Teilen auf Kinder aufgeteilt.

Ergänze die Tabelle!

Zahl der Kinder	2	3	4	6	8	12
Anzahl der Stückchen	12	8	6	4	3	2

Ein Quartettspiel besteht aus 36 Karten. Alle Karten werden so verteilt, dass alle Mitspieler gleich viele Karten erhalten, natürlich mindestens vier Karten. Gewinner ist, wer als erster ein Quartett hat. Mit wie vielen Mitspielern kann man spielen? Gib alle Möglichkeiten an!

Es können ungefähr neun.

9S. mit je 4K.

Ergänze jeweils das Zeichen | (teilt) oder ∤ (teilt nicht)!

2 | 38; 2 ∤ 147; 6 ∤ 136; 6 | 72; 12 | 144;
3 ∤ 37; 2 | 248; 6 ∤ 179; 9 ∤ 93; 25 | 275;
4 ∤ 52; 3 | 111; 9 ∤ 111; 10 | 90; 15 | 215;
5 ∤ 54; 5 ∤ 730; 9 | 963; 10 ∤ 85; 17 | 187;

Ergänze in der Tabelle das Zeichen | (teilt) oder ∤ (teilt nicht)! (z. B. 3 | 72 und 9 ∤ 112)!

	72	112	136	144	234	256	333	666	864
3	|								
4									
9		∤							

Welche Zahlen ergeben nach dem Einsetzen für x wahre Aussagen?

a) x | 24; ________________

b) x | 28; ________________

c) x | 56; ________________

d) x | 75; ________________

e) x | 64; ________________

f) x | 63; ________________

Welche Ziffern ergeben nach dem Einsetzen in die Leerstelle wahre Aussagen?

a) 5 | 37☐ ; 0 ; 5

b) 2 | 73☐ ; ________

c) 3 | 85☐ ; ________

d) 4 | 57☐ ; ________

e) 9 | 37☐ ; ________

f) 25 | 37☐5 ; ________

g) 3 | 7☐14 ; ________

h) 4 | 35☐8 ; ________

i) 9 | 9☐87 ; ________

j) 25 | 75☐0 ; ________

2 Zerlegen bringt Segen

Das Datum von heute

____

Ergänze rechts die Aufspaltung in Produkte wie auf der linken Seite!

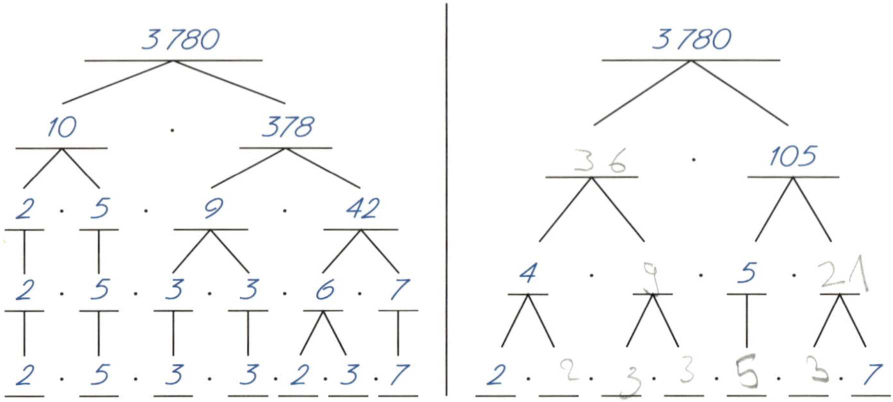

Ergänze die ausführliche Primfaktorzerlegung!

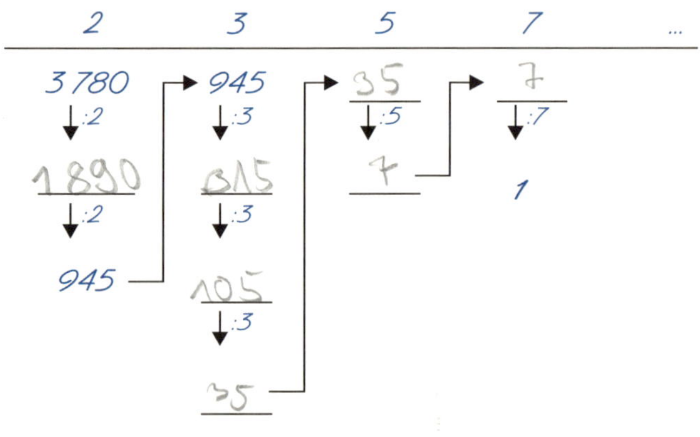

Primfaktorpotenzen: 2^2 3^3 5 7

Primfaktorzerlegung: $2^2 \cdot 3^3 \cdot 5 \cdot 7 = 3\,780$

Bei kleineren Zahlen schaffst du es im Kopf, wenn du wie oben der Reihe nach die Primfaktoren suchst. $24 = 2 \cdot 2 \cdot 2 \cdot 3 = 2^3 \cdot 3$.

Gib die Primfaktorzerlegungen an! (Wie im Beispiel mit der Zahl 24.)

28 = ________________ = ________________

56 = ________________ = ________________

125 = ________________ = ________________

350 = ________________ = ________________

Bestimme das kleinste gemeinsame Vielfache (kgV) der gegebenen zwei Zahlen!

kgV(18;12) = __________ kgV(16;24) = __________

Bestimme für größere Zahlen das kleinste gemeinsame Vielfache (kgV) der gegebenen zwei Zahlen in der angegebenen Form!

168	=	2 · 2 · 2 · 3 · 7	=	**2 · 2 · 2 · 3 ·** **7**		
270	=	2 · 3 · 3 · 3 · 5	=	2 · 3 **· 3 · 3 · 5**		
	kgV(168;270)		=	**2 · 2 · 2 · 3 · 3 · 3 · 5 · 7**	=	3 780
90	=	____________	=	____________________		
105	=	____________	=	____________________		
	kgV(90;105)		=	____________________	=	______

Bei einer Klassenfeier sind 24 Schüler anwesend. Es gibt Mohrenköpfe, die in Packungen zu 20 Stück verpackt sind. Wie viele Packungen muss man mindestens kaufen, damit jeder Schüler gleich viele erhält?

120 Mohrenköpfe

≙ 6 Packungen

____

3 Geteilt und zerbrochen

Das Datum von heute ____________

Eine Tafel Schokolade wird zu gleichen Teilen auf Kinder aufgeteilt.

Ergänze die Tabelle!

Zahl der Kinder	2	3	4	6	8	12
Teil der Tafel			$\frac{1}{4}$			

Welche Paare gehören jeweils zusammen? Verbinde durch gerade Linien!

	1	2	3	4
A	zwei Drittel eines Rechtecks	fünf Achtel eines Quadrats	drei Viertel eines Kreises	ein Viertel eines Dreiecks
B	zwei Drittel von drei Kreisen	die Hälfte von drei Quadraten	drei Viertel von zwei Dreiecken	ein Viertel von vier Kreisen

C

D

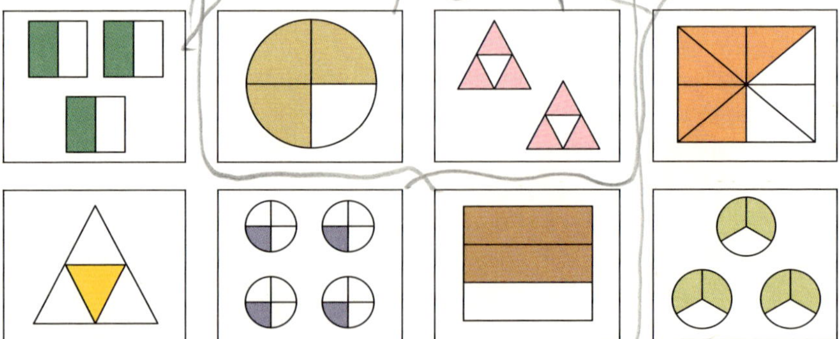

Mehrere Kuchen werden beim Geburtstag auf die Kinder gerecht aufgeteilt. Wie viel erhält jedes Kind?

Zahl der Kuchen	2	2	2	3	3	4	4
Zahl der Kinder	6	8	10	10	12	15	20
Teil der Kuchen	$\frac{1}{3}$	$\frac{1}{4}$	$\frac{2}{10} = \frac{1}{5}$	$\frac{1}{2}$	$\frac{1}{4}$	$\frac{1}{2}$	$\frac{0}{10}$

Drei Felder gehören jeweils zusammen. Verbinde mit geraden Linien!

	1	2	3	4	5	6
A	zwei Drittel	drei Halbe	drei Viertel	vier Drittel	drei Fünftel	fünf Drittel
B	$\frac{3}{4}$	$\frac{4}{3}$	$\frac{3}{5}$	$\frac{5}{3}$	$\frac{3}{2}$	$\frac{2}{3}$
C	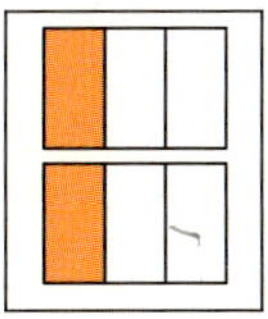	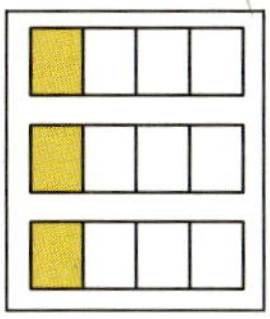	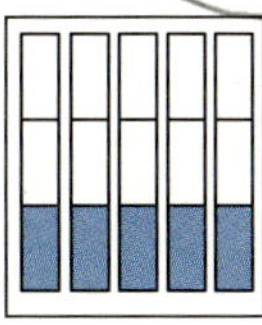	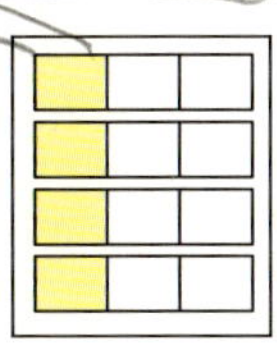		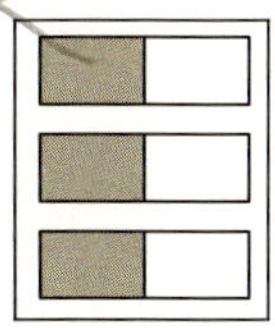
D	zwei und ein halb	zwei Halbe	fünf Halbe	zwei Viertel	ein halb	vier Halbe
E	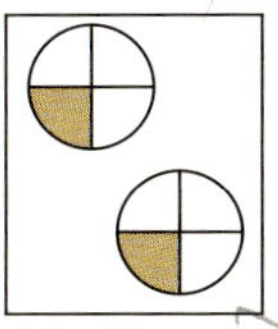	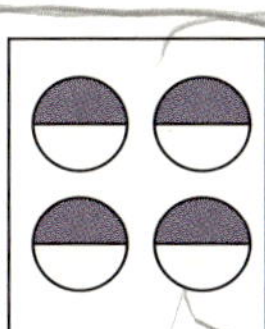	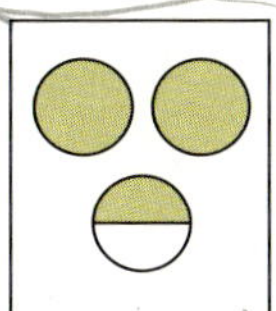	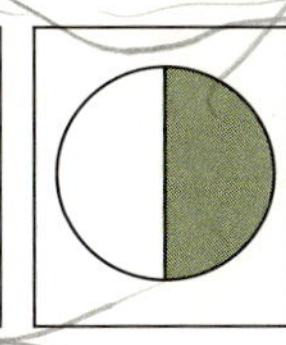	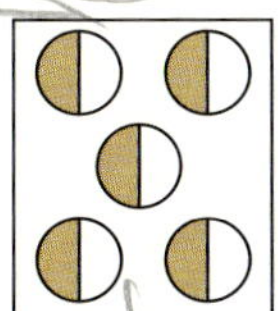	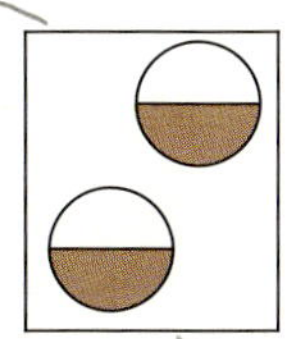
F	$\frac{2}{2}$	$\frac{1}{2}$	$\frac{4}{2}$	$\frac{2}{4}$	$\frac{5}{2}$	$2\frac{1}{2}$

4 Schokoladen- und Tortenstücke

Brüche lassen sich an Schokoladentafeln (als Rechtecke gezeichnet) und Torten (als Kreise gezeichnet) veranschaulichen.

Gib an, welcher Bruch jeweils veranschaulicht ist!

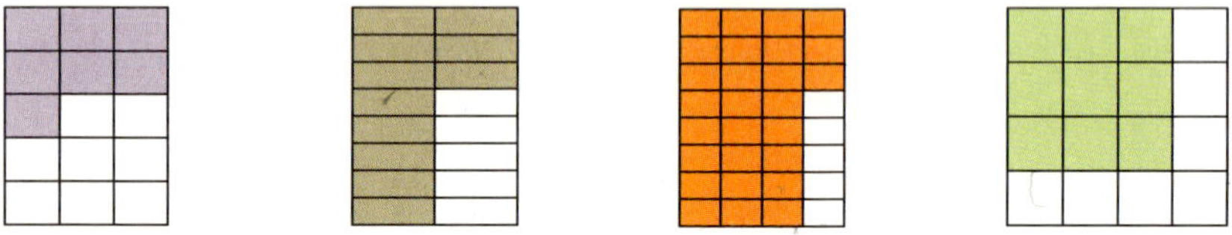

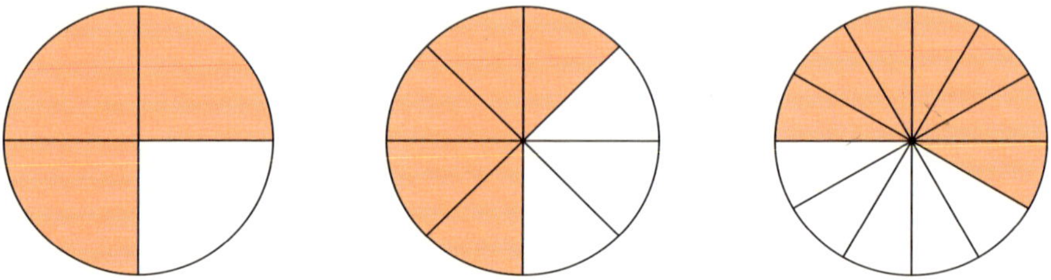

Es geht auch ohne Schokolade und Torte. Gib wieder an, welcher Bruch jeweils veranschaulicht ist!

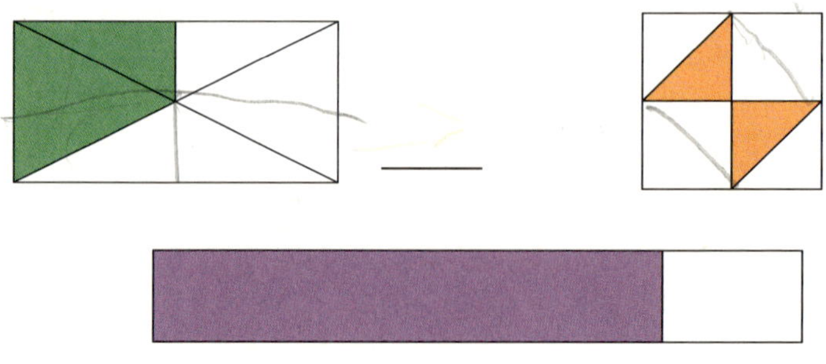

Veranschauliche selbst die angegebenen Brüche an den gegebenen Rechtecken und Kreisen!

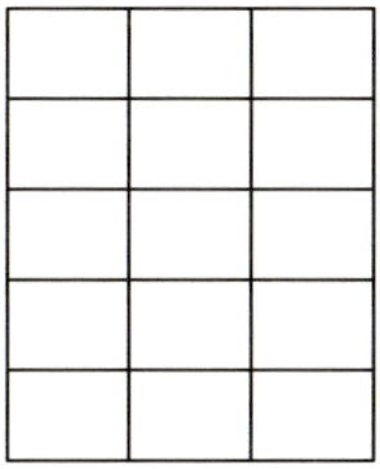

$\frac{11}{15}$

$\frac{7}{12}$

$\frac{3}{10}$

$\frac{9}{25}$

$\frac{5}{14}$

$\frac{3}{8}$

Auch an Körpern kann man Brüche veranschaulichen. Gib wieder an, welcher Bruch jeweils dargestellt ist!

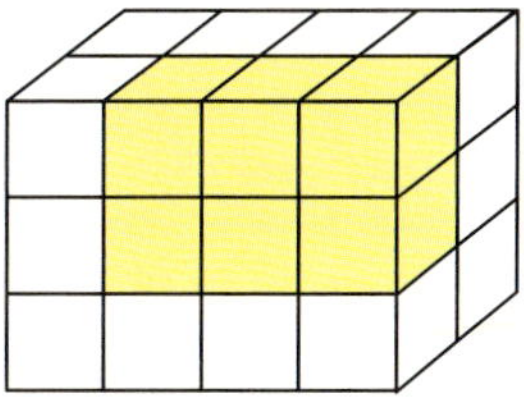

____

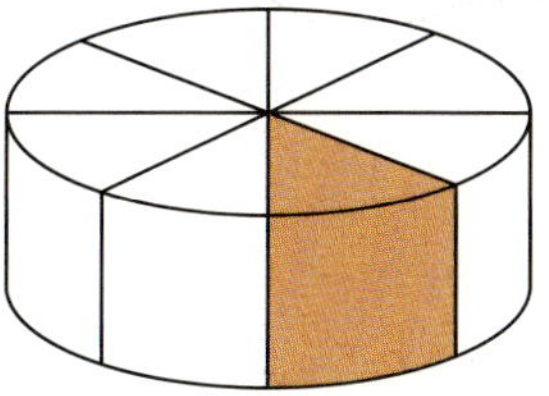

____

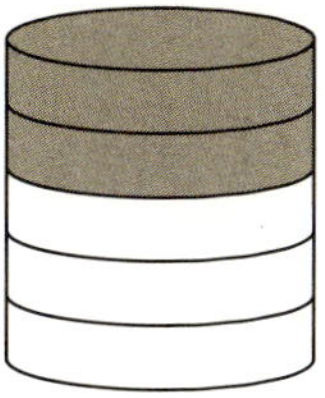

____

Bruchteile

Das Datum von heute

____

Von einem 2 m langen Bambusrohr ist ein Viertel abgebrochen. Bestimme die fehlenden Angaben in der Tabelle!

Bambusstück	Länge	Bruchteil
abgebrochenes Stück	50cm	$\frac{1}{4}$
Reststück	150m	$\frac{3}{4}$
ganzes Bambusrohr	2 m	$\frac{4}{4}$

In der Klasse 6a sind 16 Jungen und 14 Mädchen. 12 Kinder der Klasse sind Nichtschwimmer.

Wie groß ist der Bruchteil der Jungen und Mädchen in der Klasse? Jungen: $\frac{16}{30}$ Mädchen: $\frac{14}{30}$

Wie groß ist der Bruchteil der Nichtschwimmer und der Schwimmer in der Klasse? Nichtschwimmer: 12 Schwimmer: 18

In der Klasse 6b gibt es 17 Mädchen und zwei Drittel aller Schüler sind Schwimmer, nämlich 22.

Wie viele Schüler sind in der Klasse 6b? 33 (~~66~~)

Wie groß ist der Bruchteil der Mädchen in der Klasse 6b? $\frac{12}{33}$

Von einem Regenwurm steckt ein Drittel des Körpers in der Erde, 5 cm sind sichtbar. Wie lang ist er?

15 cm

Ein Bleistift ist an einem Ende zu einem Drittel blau. Am anderen Ende ist ein Achtel des Stiftes angespitzt. Der Rest ist 6,5 cm lang.

Wie lang ist der ganze Stift? ______________________

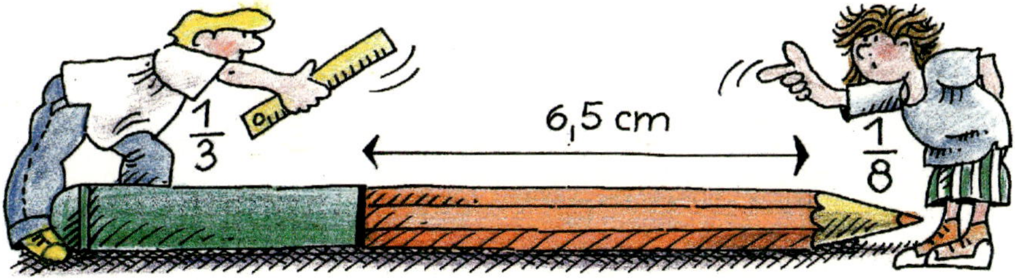

Eine merkwürdige arabische Geschichte!
Ein Beduine hinterließ seinen drei Söhnen 41 prächtige Kamele und ein Testament. Dort setzt er folgende Verteilung fest:
Der älteste Sohn sollte die Hälfte der Erbschaft bekommen, der zweitälteste ein Siebtel und der jüngste Sohn ein Drittel.
Wie sehr sie ihre Köpfe auch anstrengten, es gelang ihnen nicht, das Testament ihres verstorbenen Vaters zu erfüllen.
Da kam ein weiser Mann aus dem Morgenland auf seinem Kamel in ihr Zeltdorf. Nachdem sie ihn gastfreundlich bedient hatten, legten sie dem Weisen ihr Problem vor. Der bat um eine Nacht Bedenkzeit. Am nächsten Morgen stellte er sein Kamel zu den 41 anderen und gab jedem Sohn seinen Erbteil und ritt dann auf seinem Kamel davon. Wie viele Kamele bekam jeder?

Der Älteste: ______, der Zweitälteste: ______, der Jüngste: ______.

Warum war die Verteilung so ein großes Problem?

____

6 Neue Zahlen steigen auf

Das Datum von heute ______

Binde die Luftballons an der richtigen Stelle an!

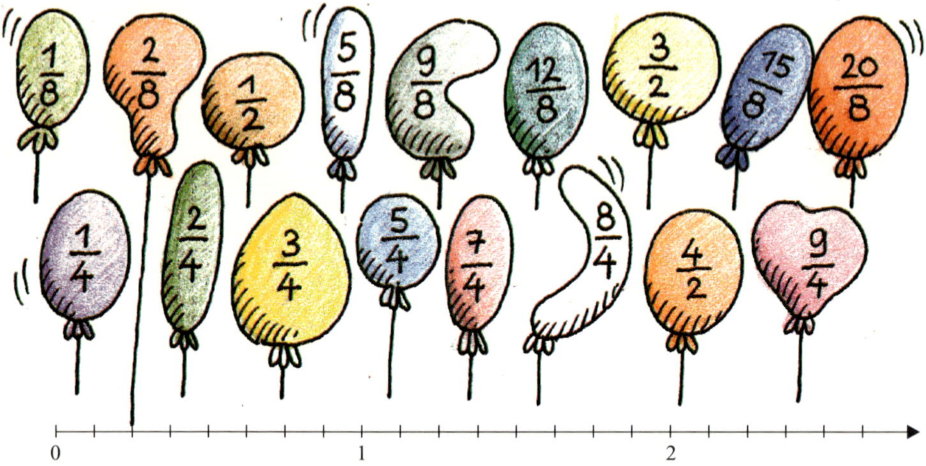

Welche Brüche der Aufgabe 1 haben den selben Wert, gehören also zur selben Bruchzahl?

$\frac{1}{4}$ = ______ ; ______ = ______ ; ______ = ______ ; ______ = ______

Sortiere die Brüche der Aufgabe 1!

Echte Brüche:
(Zähler < Nenner) ______

Unechte Brüche:
(Zähler > Nenner) ______

Stammbrüche:
(Zähler = 1) ______

Scheinbrüche:
(ganzzahliger Wert) ______

Welche Brüche sind an den beiden Zahlenstrahlen dargestellt? Verwende keine Dezimalbrüche!

A = ______ B = ______ C = ______ D = ______ E = ______

F = ______ G = ______ H = ______ J = ______ K = ______

A = ______ B = ______ C = ______ D = ______ E = ______

F = ______ G = ______ H = ______ J = ______ K = ______

Trage die folgenden Brüche an den Zahlenstrahlen ein. Trage gleichwertige Brüche untereinander ein.

a) $\frac{1}{5}$; $\frac{1}{10}$; $\frac{1}{2}$; $\frac{5}{10}$; $\frac{7}{5}$; $\frac{2}{10}$; $\frac{9}{10}$; $\frac{13}{10}$; $\frac{2}{5}$; $\frac{3}{5}$; $\frac{3}{2}$; $\frac{8}{5}$; $\frac{20}{10}$; $\frac{15}{10}$; $\frac{14}{10}$; $\frac{9}{5}$

b) $\frac{1}{6}$; $\frac{1}{4}$; $\frac{1}{2}$; $\frac{5}{12}$; $\frac{7}{6}$; $\frac{2}{4}$; $\frac{9}{12}$; $\frac{13}{12}$; $\frac{5}{6}$; $\frac{2}{3}$; $\frac{3}{4}$; $\frac{3}{2}$; $\frac{8}{6}$; $\frac{16}{12}$; $\frac{5}{4}$; $\frac{15}{12}$;

7 Verschieden und doch gleich groß

Das Datum von heute

____

Dem Verfeinern bei der Veranschaulichung der Brüche entspricht das Erweitern der Brüche. Ergänze den Zähler bzw. Nenner!

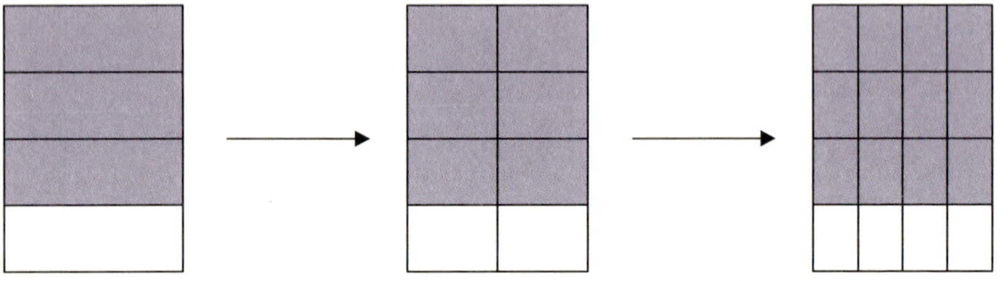

$\frac{3}{4} = \frac{\_\_\_}{8} = \frac{12}{\_\_\_}$

Ergänze den Zähler bzw. Nenner und stelle die Erweiterungsaufgabe selber in den Rechtecken dar!

$\frac{2}{5} = \frac{\_\_\_}{10} = \frac{8}{\_\_\_}$

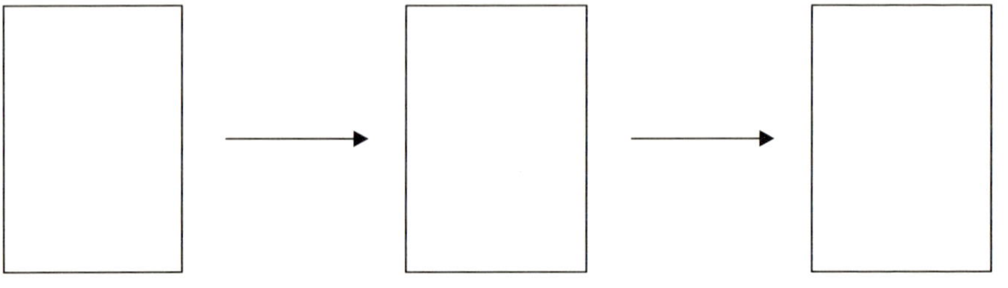

Erweitere die folgenden Brüche mit 2!

$\frac{6}{7} = \_\_\_$; $\frac{3}{8} = \_\_\_$; $\frac{23}{17} = \_\_\_$; $\frac{19}{27} = \_\_\_$

Erweitere die folgenden Brüche mit 7!

$\frac{6}{7} = \_\_\_$; $\frac{3}{8} = \_\_\_$; $\frac{23}{17} = \_\_\_$; $\frac{13}{19} = \_\_\_$

Erweitere die folgenden Brüche auf den Zähler 24!

$\frac{6}{9} = \underline{\qquad}$; $\frac{8}{12} = \underline{\qquad}$; $\frac{12}{25} = \underline{\qquad}$; $\frac{3}{7} = \underline{\qquad}$

Erweitere die folgenden Brüche auf den Nenner 36!

$\frac{7}{12} = \underline{\qquad}$; $\frac{14}{9} = \underline{\qquad}$; $\frac{25}{6} = \underline{\qquad}$; $\frac{7}{4} = \underline{\qquad}$

Erweitere auf den gegebenen Zähler oder Nenner!

$\frac{7}{30} = \frac{\qquad}{90}$; $\frac{4}{15} = \frac{16}{\qquad}$; $\frac{9}{4} = \frac{45}{\qquad}$

$\frac{7}{36} = \frac{\qquad}{144}$; $\frac{9}{15} = \frac{144}{\qquad}$; $\frac{13}{14} = \frac{117}{\qquad}$

Welche Erweiterungsaufgabe ist dargestellt? Ergänze!

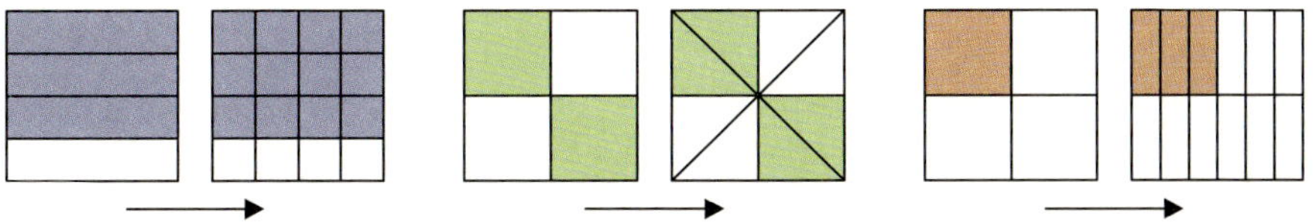

$\frac{3}{4} = \underline{\qquad}$ $\underline{\qquad} = \underline{\qquad}$ $\underline{\qquad} = \underline{\qquad}$

Stelle die Erweiterungsaufgabe an den Quadraten dar!

$\frac{1}{3} = \frac{3}{9}$ $\frac{5}{6} = \frac{20}{24}$ $\frac{3}{8} = \frac{6}{16}$

8 In der Kürze liegt die Würze

Das Datum von heute ______________

Dem Vergröbern bei der Veranschaulichung der Brüche entspricht das Kürzen der Brüche. Ergänze den Zähler bzw. Nenner!

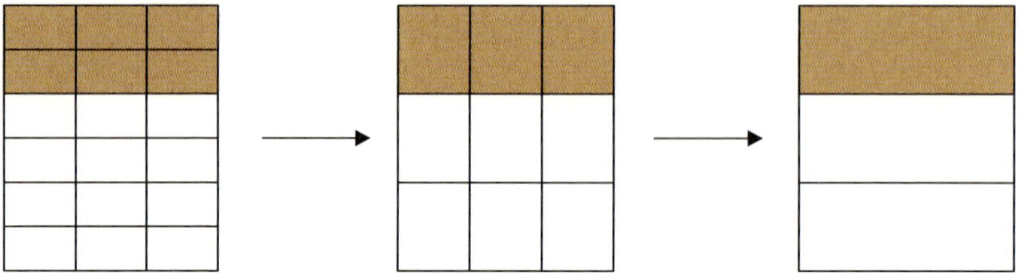

$$\frac{6}{18} = \frac{\quad}{9} = \frac{1}{\quad}$$

Ergänze den Zähler bzw. Nenner und stelle die Aufgabe zum Kürzen selber in den Rechtecken dar!

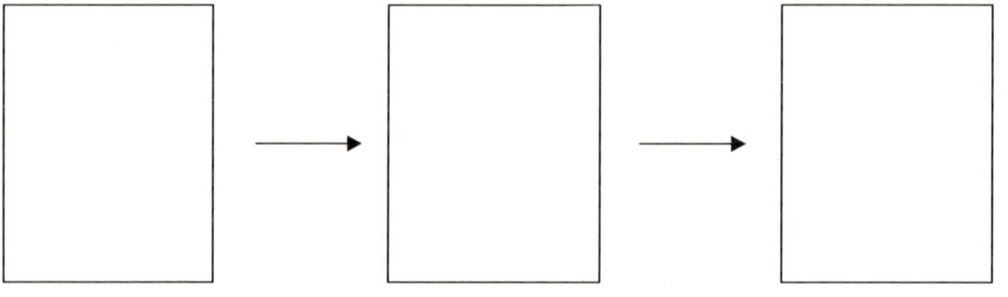

$$\frac{12}{16} = \frac{\quad}{8} = \frac{3}{\quad}$$

Kürze die folgenden Brüche mit 2!

$\frac{6}{8} =$ ______ ; $\frac{4}{12} =$ ______ ; $\frac{26}{6} =$ ______ ; $\frac{18}{14} =$ ______

Kürze die folgenden Brüche mit 3!

$\frac{6}{9} =$ ______ ; $\frac{9}{12} =$ ______ ; $\frac{27}{6} =$ ______ ; $\frac{18}{12} =$ ______

Kürze die folgenden Brüche mit 7!

$\frac{7}{28} = \underline{\qquad}$; $\frac{14}{21} = \underline{\qquad}$; $\frac{56}{63} = \underline{\qquad}$; $\frac{119}{133} = \underline{\qquad}$

Ergänze Zähler oder Nenner bei den gekürzten Brüchen!

$\frac{16}{24} = \frac{\qquad}{3}$; $\frac{48}{36} = \frac{4}{\qquad}$; $\frac{56}{64} = \frac{\qquad}{8}$; $\frac{15}{35} = \frac{3}{\qquad}$

Kürze die folgenden Brüche vollständig!

$\frac{16}{24} = \underline{\qquad}$; $\frac{18}{27} = \underline{\qquad}$; $\frac{12}{36} = \underline{\qquad}$; $\frac{18}{48} = \underline{\qquad}$

$\frac{38}{95} = \underline{\qquad}$; $\frac{81}{27} = \underline{\qquad}$; $\frac{144}{96} = \underline{\qquad}$; $\frac{143}{242} = \underline{\qquad}$

Kürze vor dem Ausrechnen!

$\frac{16 \cdot 15}{25 \cdot 56} = \frac{2 \cdot}{5 \cdot} = \underline{\qquad}$; $\frac{18 \cdot 25}{27 \cdot 35} = \frac{2 \cdot 5}{\qquad} = \underline{\qquad}$

Gib an, welche Aufgabe zum Kürzen jeweils dargestellt ist!

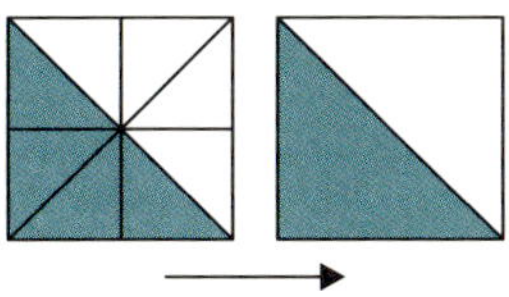

$\underline{\qquad} = \underline{\qquad}$

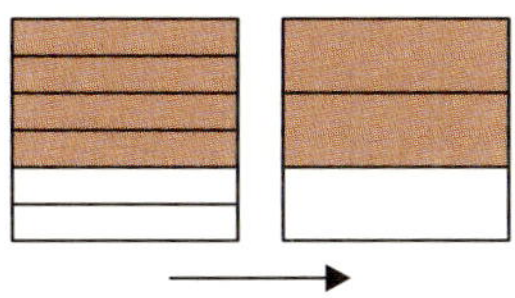

$\underline{\qquad} = \underline{\qquad}$

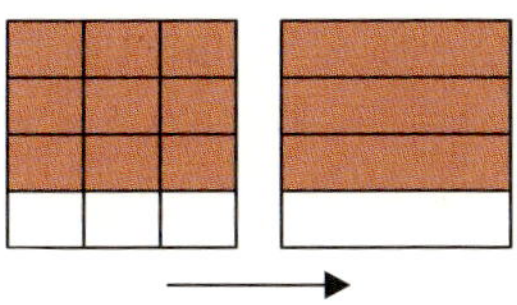

$\underline{\qquad} = \underline{\qquad}$

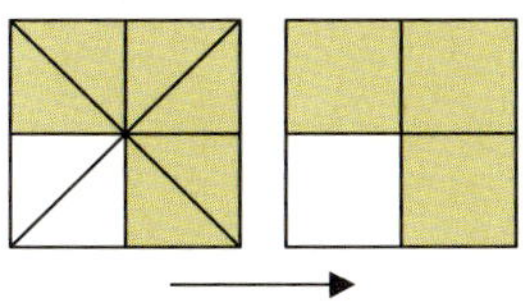

$\underline{\qquad} = \underline{\qquad}$

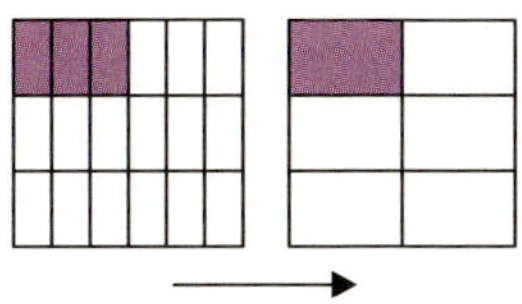

$\underline{\qquad} = \underline{\qquad}$

9 Große Brüche, kleine Brüche

Das Datum von heute ____________

Setze das richtige Zeichen (<, =, >) ein.

$\frac{1}{2}$ ___ $\frac{1}{4}$; $\frac{3}{4}$ ___ $\frac{3}{2}$; $\frac{3}{4}$ ___ $\frac{5}{4}$

$\frac{5}{7}$ ___ $\frac{5}{9}$; $1\frac{3}{4}$ ___ $\frac{5}{2}$; $2\frac{1}{4}$ ___ $\frac{17}{8}$

$\frac{4}{2}$ ___ $\frac{9}{4}$; $\frac{3}{7}$ ___ $\frac{6}{14}$; $\frac{13}{14}$ ___ $\frac{14}{13}$; $\frac{8}{4}$ ___ $\frac{6}{3}$

Trage die folgenden Brüche am Zahlenstrahl ein und ordne sie so der Größe nach.

$\frac{3}{5}$; $\frac{1}{2}$; $\frac{2}{10}$; $\frac{6}{5}$; $\frac{3}{2}$; $1\frac{1}{5}$; $\frac{5}{10}$; $\frac{1}{5}$; $1\frac{7}{10}$; $\frac{13}{10}$; $\frac{8}{5}$; $\frac{4}{5}$; $1\frac{1}{2}$

Ordne die folgenden Brüche der Größe nach. Beginne mit dem kleinsten Bruch.

$\frac{4}{2}$; $\frac{7}{4}$; $\frac{3}{7}$; $\frac{6}{4}$; $\frac{3}{4}$: ______ < ______ < ______ < ______ < ______

$\frac{4}{9}$; $\frac{7}{8}$; $\frac{3}{5}$; $\frac{7}{6}$; $\frac{2}{7}$: ______ < ______ < ______ < ______ < ______

$\frac{14}{9}$; $1\frac{7}{8}$; $\frac{13}{5}$; $2\frac{5}{6}$: ______ < ______ < ______ < ______

Jenny braucht für ihren Nachtisch $\frac{1}{4}$ l Sahne. Sie hat nur einen Becher mit 2 dl Sahne.

Es gilt: 2 dl = $\frac{2}{10}$ l = 0,2 l.

Sie füllt den Becher Sahne in einen Messbecher. Zeichne ein, wie hoch die Sahne im Messbecher steht. Reicht die Sahne?

____

Setze das richtige Zeichen (<, =, >) ein.

$\frac{1}{4}$ km ____ 500 m;	500 cm^2 ____ $\frac{1}{2}$ m^2;	$\frac{1}{2}$ h ____ 50 min
$\frac{1}{4}$ min ____ 15 s;	500 000 m^2 ____ $\frac{1}{2}$ km^2;	$\frac{1}{4}$ h ____ 150 s
$\frac{3}{4}$ h ____ 75 min;	2 500 m ____ $2\frac{1}{2}$ km;	$3\frac{1}{4}$ h ____ 315 min
$\frac{3}{4}$ m ____ 75 mm;	25 mm^2 ____ $\frac{1}{4}$ cm^2;	$1\frac{1}{2}$ dm ____ 150 cm

Erweitere die Brüche auf den Hauptnenner und ordne sie dann der Größe nach.

$\frac{13}{25}$ = ______ ; $\frac{17}{30}$ = ______ ; $\frac{8}{15}$ = ______

______ < ______ < ______

10 Zusammengebrochen

Das Datum von heute

____

Die Brücke ist zusammengebrochen. Bau sie aus den Steinen so wieder auf, dass die Zahl im darunter liegenden Stein gleich der Summe der Zahlen der beiden darüber liegenden Steine ist. In der obersten Reihe stehen die Stammbrüche (Zähler = 1) der Größe nach geordnet. Beginne links oben mit dem kleinsten Stammbruch.

Rechne bei den folgenden Aufgaben vorteilhaft: Kommutativgesetz!

$\frac{13}{70} + \frac{9}{70} + \frac{6}{70} + \frac{17}{70} = \frac{\quad}{70} = \_\_\_\_$; $\frac{19}{90} + \frac{13}{90} + \frac{17}{90} + \frac{11}{90} = \frac{\quad}{90} = \_\_\_\_$

Addiere in der Tabelle und gib dann den Wert der Summe immer gekürzt und, wenn möglich, als gemischte Zahl an!

Zum Beispiel: $\frac{5}{8} + \frac{1}{2} = 1\frac{1}{8}$

+	$\frac{1}{2}$	$\frac{1}{3}$	$\frac{1}{4}$	$\frac{1}{6}$	$2\frac{3}{4}$
$\frac{1}{5}$					
$\frac{3}{4}$					
$\frac{5}{8}$	$1\frac{1}{8}$				
$\frac{7}{4}$					
$1\frac{1}{4}$					

Bei schwierigeren Aufgaben wird der Hauptnenner mit Hilfe der Primfaktorzerlegungen der Nenner bestimmt. Ergänze!

$12 = 2 \cdot 2 \cdot 3 = \quad 2^2 \cdot 3$

$15 = 3 \cdot 5 \quad = \_\_\_\_\_\_ \qquad kgV(12;15;30) = 2^2 \cdot 3 \cdot 5 = 60$

$30 = \_\_\_\_\_\_ \quad = \_\_\_\_\_\_$

$\frac{5}{12} + \frac{8}{15} + \frac{7}{30} = \frac{\_\_\_}{60} + \frac{\_\_\_}{60} + \frac{\_\_\_}{60} = \frac{\_\_\_}{60} = \_\_\_\_\_\_$

11 Weggebrochen

Das Datum von heute

Von der Pyramide sind einige Steine weggebrochen. Bau die Pyramide so wieder auf, dass die Zahl im darüberliegenden Stein gleich der Differenz der Zahlen der beiden darunterliegenden Steine ist.

Zum Beispiel: $6\frac{9}{20} - 2\frac{3}{40} = 4\frac{3}{8}$

Subtrahiere im Kopf der Reihe nach und kürze immer gleich die Zwischenergebnisse!

$\frac{27}{16} - \frac{13}{16} - \frac{1}{8} - \frac{1}{4} =$ ______ ; $\frac{33}{18} - \frac{7}{18} - \frac{7}{9} - \frac{1}{3} =$ ______

Subtrahiere in der Tabelle und gib dann den Wert der Differenz immer gekürzt und, wenn möglich, als gemischte Zahl an!

Zum Beispiel: $5\frac{5}{8} - \frac{1}{2} = 5\frac{1}{8}$

–	$\frac{1}{2}$	$\frac{1}{3}$	$\frac{1}{4}$	$\frac{1}{10}$	$2\frac{3}{4}$
$\frac{14}{5}$					
$3\frac{3}{4}$					
$5\frac{5}{8}$	$5\frac{1}{8}$				
$3\frac{1}{4}$					
$5\frac{5}{6}$					

Haben die Brüche verschiedene Nenner, so wird zunächst auf den Hauptnenner erweitert. Ergänze!

$\frac{11}{15} - \frac{5}{12} = \frac{44}{60} - \frac{\_\_\_}{60} = \_\_\_$

$\frac{5}{4} - \frac{4}{9} = \frac{\_\_\_}{36} - \frac{\_\_\_}{36} = \frac{\_\_\_}{36}$

$4\frac{1}{4} - 2\frac{4}{5} = 4\frac{\_\_\_}{20} - 2\frac{\_\_\_}{20} = 3\frac{\_\_\_}{20} - 2\frac{\_\_\_}{20} = \frac{\_\_\_}{20}$

$12\frac{8}{15} - 7\frac{19}{20} = \_\_\_ - \_\_\_ = \_\_\_$

12 Mehrfachbrüche

Das Datum von heute ______________

Die Glasscheibe war einen halben Meter breit und einen dreiviertel Meter lang. Wie viele Quadratmeter Glas sind zerbrochen?
Ergänze die Berechnung.

Länge: l = ______ Breite: b = ______

$A = l \cdot b = \frac{1}{2}\,\text{m} \cdot \frac{3}{4}\,\text{m} = \frac{1}{2} \cdot \frac{3}{4}\,\text{m}^2 =$ ______ m^2

Multipliziere im Kopf und kürze auch gleich das Ergebnis!

$\frac{3}{4} \cdot \frac{2}{3} =$ ______ ; $\frac{7}{5} \cdot \frac{5}{3} =$ ______

$\frac{3}{16} \cdot \frac{8}{9} =$ ______ ; $\frac{15}{4} \cdot \frac{8}{3} =$ ______

$\frac{7}{16} \cdot 24 =$ ______ ; $8 \cdot \frac{5}{6} =$ ______

$\frac{7}{5} \cdot 3\frac{3}{4} \cdot \frac{8}{7} =$ ______ ; $\frac{3}{10} \cdot 2\frac{2}{3} \cdot \frac{5}{4} =$ ______

Löse die Gleichungen!

$\frac{7}{13} \cdot \frac{\qquad}{5} = \frac{28}{65}$; $\qquad \frac{8}{\qquad} \cdot \frac{6}{5} = \frac{48}{75}$; $\qquad \frac{7}{6} \cdot \frac{\qquad}{5} = \frac{7}{15}$

Löse die Gleichungen: ($G = \mathbb{Q}^+$)!

$\frac{7}{3} \cdot \underline{\qquad} = \frac{28}{39}$; $\qquad \underline{\qquad} \cdot \frac{8}{5} = \frac{56}{55}$; $\qquad \frac{17}{6} \cdot \underline{\qquad} = \frac{1}{2}$

Ein Zimmer ist $4\frac{1}{2}$ m lang und $3\frac{1}{2}$ m breit. Es soll mit einem Teppich ausgelegt werden, von dem 1 m^2 41 € kostet. Wie viele Quadratmeter Teppich müssen gekauft werden und was kostet der Teppich?
Ergänze die Berechnung.

Länge: $l = \underline{\qquad}$ $\qquad$ Breite: $b = \underline{\qquad}$

$A = l \cdot b = \underline{\qquad}\ m \cdot \underline{\qquad}\ m$

$= \underline{\qquad} \cdot \underline{\qquad}\ m^2 = \underline{\qquad}\ m^2$

$= \underline{\qquad}\ m^2$

Preis für den Teppich:

$41\ € \cdot \underline{\qquad} = \frac{41 \cdot \qquad}{\qquad}\ € = \underline{\qquad\qquad}\ €$

13 Durchbruch

Das Datum von heute

____

Ein Rammbock ist $1\frac{3}{4}$ m weit durch das Tor gerammt worden. Das sind zwei Fünftel seiner Länge. Wie lang ist der Rammbock?

Lösung:
x sei die Länge des gesamten Rammbocks.

$\frac{2}{5} \cdot x = 1\frac{3}{4}$ m; $\quad x = 1\frac{3}{4}$ m $: \frac{2}{5}$; $\quad x = \frac{7}{4}$ m $\cdot \frac{5}{2}$

$x = \frac{\_\_\_}{\_\_\_}$ m $= \_\_\_\_$ m

Antwort: Der Rammbock ist insgesamt ______ m lang.
Ergänze die fehlenden Angaben.

Gib zu jedem Bruch den Kehrbruch an!

$\frac{3}{4}$ ______; $\quad \frac{9}{4}$ ______; $\quad \frac{1}{7}$ ______; $\quad 5$ ______

Gib das Ergebnis gekürzt an!

$\frac{9}{20} : \frac{3}{4} = \frac{9}{20} \cdot \frac{\_\_\_}{\_\_\_} = \_\_\_\_$; $\quad 12 : \frac{3}{8} = 12 \cdot \frac{\_\_\_}{\_\_\_} = \_\_\_\_$

$\frac{8}{15} : 6 = \frac{8}{15} \cdot \frac{\_\_\_}{\_\_\_} = \_\_\_\_$; $\quad 2\frac{6}{7} : 1\frac{3}{7} = \frac{\_\_\_}{7} \cdot \frac{\_\_\_}{\_\_\_} = \_\_\_\_$

Dividiere die beiden nebeneinander stehenden Zahlen und trage das gekürzte Ergebnis im Feld darunter ein!

Löse die Gleichungen: (G = $\mathbb{Q}^+$)!

$\frac{18}{19} \cdot x = \frac{9}{38}$; $x =$ ____________________

$\frac{25}{7} : x = \frac{15}{14}$; $x =$ ____________________

Berechne die Doppelbrüche!

$\dfrac{\frac{5}{6}}{\frac{4}{9}} = \frac{5}{6} :$ ______ $= \frac{5}{6} \cdot$ ______ $=$ ______

$\dfrac{\frac{15}{4}}{\frac{25}{8}} =$ ______ $:$ ______ $=$ ______ $\cdot$ ______ $=$ ______

14 Kein Einbruch beim Bruchrechnen

Das Datum von heute

____

Berechne der Reihe nach!

Addiere zuerst je zwei nebeneinander liegende Brüche der unteren Reihe und trage das Ergebnis über beiden ein. In den Reihen darüber musst du subtrahieren, dann multiplizieren und zuletzt dividieren und das Ergebnis wieder darüber eintragen.

Rechne von außen nach innen. Das Ergebnis ist immer $\frac{3}{4}$. Ergänze!

Bei einem Zauberquadrat haben die Summen der Zeilen, Spalten und Diagonalen immer den gleichen Wert.

Ergänze das Zauberquadrat!

$\frac{4}{15}$	$\frac{1}{20}$	$\frac{1}{30}$	
$\frac{1}{12}$	$\frac{1}{6}$		
$\frac{3}{20}$		$\frac{7}{60}$	
	$\frac{1}{4}$		$\frac{1}{60}$

Bilde aus den folgenden Brüchen ein Zauberquadrat!

$\frac{1}{4}$, $\frac{1}{2}$, $\frac{3}{4}$, 1, $\frac{5}{4}$, $\frac{3}{2}$, $1\frac{3}{4}$, 2, $\frac{9}{4}$

	$\frac{5}{4}$	

15 Bruch und Dezimalbruch

Das Datum von heute ____________

Die Dezimalbruchmaschine

Schreibe jeweils in die erweiterte Stellentafel (z: Zehntel, h: Hundertstel, ...) und dann als Dezimalbruch.

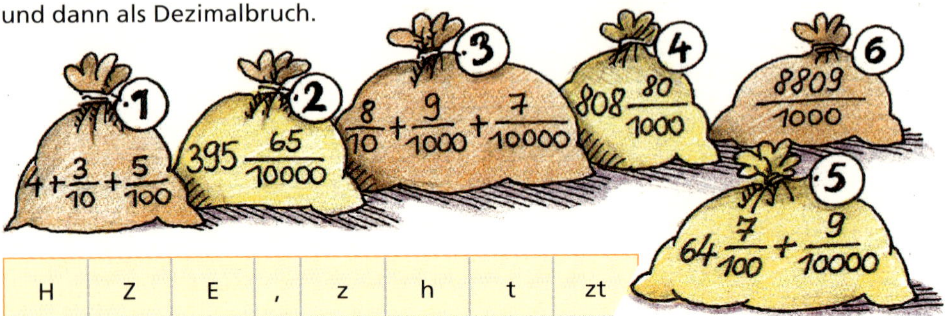

H	Z	E	,	z	h	t	zt	
		4	,	3	5			4,35
3	9	5	,			6	5	395,0065
	8		,	8	0	9	7	8097
8	0	8	,	0	0	8	0	808,0080
			,	8	8	0	9	8809
	6	4	,	7	0	0	7	64,7007

Ein Lernplakat mit wichtigen Brüchen. Lerne sie auswendig, damit du sie immer sofort parat hast. Ergänze die fehlenden Brüche.

$0{,}2 = \frac{1}{5}$ $0{,}125 = \frac{1}{8}$

$0{,}25 = \frac{1}{4}$ $0{,}4 = \frac{1}{2}$ $0{,}375 =$ ___

$0{,}5 = \frac{1}{2}$

$0{,}75 = \frac{1}{7}$ $0{,}6 = \frac{1}{3}$ $0{,}625 = \frac{1}{[illegible]}$

$0{,}8 = \frac{1}{4}$ $0{,}875 =$ ___

Übersetze in die jeweils andere Bruchschreibweise!

$2{,}4 = 2\frac{4}{10}$; $14{,}3 = 14\frac{3}{100}$

$6{,}007 = 6\frac{7}{1000}$; $23{,}456 = \frac{23\,456}{100}$

$9{,}875 = 9\frac{875}{1000}$; $10{,}016 = 10\frac{16}{10\,000}$

$0{,}010010 = \frac{10010}{100000}$; $7{,}1354 = 7\frac{1\,354}{100\,000}$

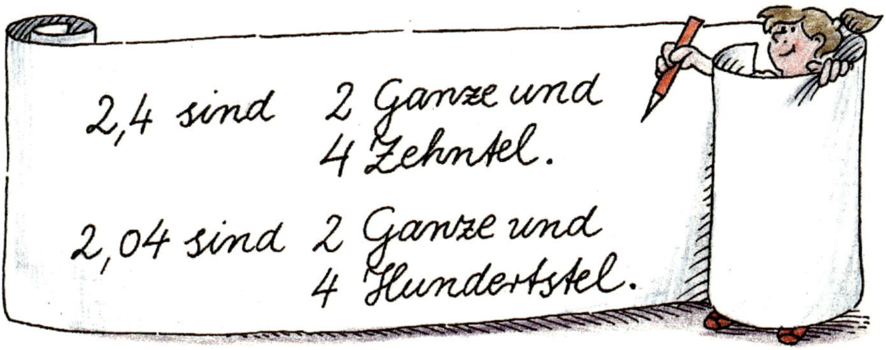

Forme die Brüche durch Erweitern oder Kürzen so um, dass eine Stufenzahl (also 1; 10; 100; 1 000; ...) im Nenner steht. Schreibe dann als Dezimalbruch.

$\frac{3}{20} = \frac{15}{100} = 0{,}15$ $\frac{52}{400} = \frac{13}{100} = 0{,}13$ $12\frac{7}{8} = 12\frac{875}{1\,000} = 12{,}875$

$17\frac{48}{600} =$ ________ = ________ $10\frac{7}{25} =$ ________ = ________

$\frac{49}{5\,000} =$ ________ = ________ $\frac{5}{400} =$ ________ = ________

$25\frac{7}{50} =$ ________ = ________ $\frac{64}{800} =$ ________ = ________

16 Alles in Ordnung

Das Datum von heute

____

Ordne die Dezimalbrüche der Größe nach.

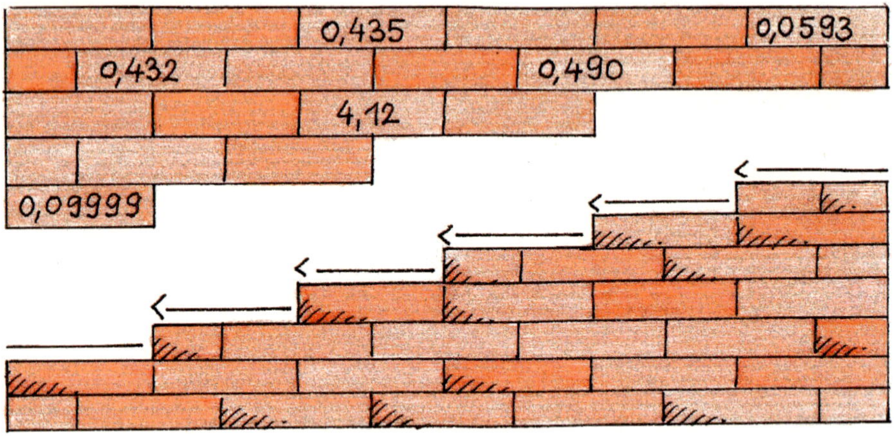

Bilde aus den Ziffern 1, 2 und 3 alle möglichen Dezimalbrüche mit zwei Dezimalen!

________; ________; ________; ________; ________; ________

Ordne sie jetzt der Größe nach!

________ < ________ < ________ < ________ < ________ < ________

Gib zwei Dezimalbrüche an, die zwischen den angegebenen Brüchen liegen.

0,45 < ____________ < ____________ < 0,47

4,321 < ____________ < ____________ < 4,3211

18,01 < ____________ < ____________ < 18,1

0,0199 < ____________ < ____________ < 0,0200

Welche Dezimalbrüche sind auf den beiden Zahlenstrahlen markiert?

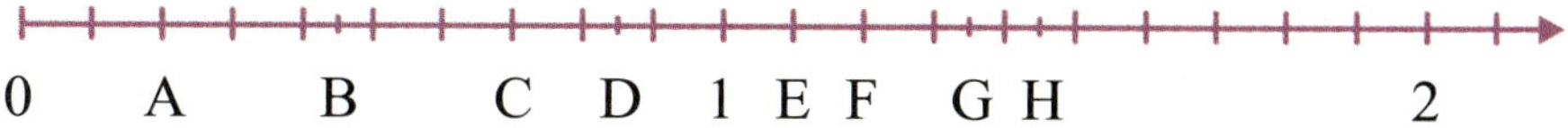

A = ________ B = ________ C = ________ D = ________

E = ________ F = ________ G = ________ H = ________

I = ________ J = ________ K = ________ L = ________

M = ________ N = ________ O = ________ P = ________

Suche im Schaufenster den Dezimalbruch aus, der genau in der Mitte zwischen den angegebenen Zahlen liegt, und trage ihn ein.

1,2 < ____________ < 1,3

0,344 < ____________ < 0,345

0,01 < ____________ < 0,02

8,767 < ____________ < 8,768

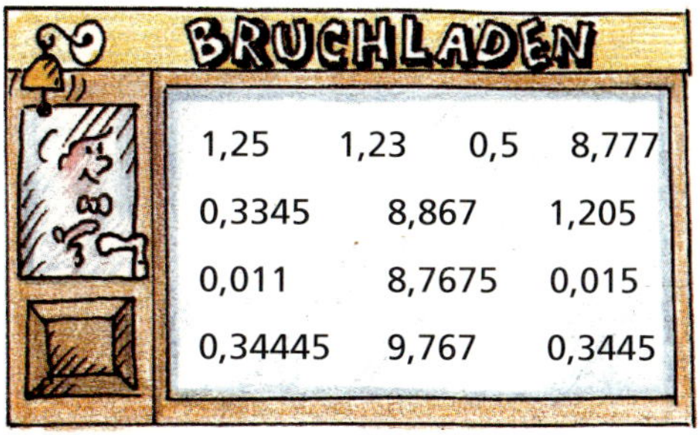

Ordne die Brüche der Größe nach!

________ < ________ < ________ < ________ < ________ < ________

17 Eine runde Sache

Das Datum von heute ____________

Runde Dezimalbrüche

Rundungsregel: Die Ziffer nach der Stelle, auf die gerundet wird, bestimmt das Runden: Ist die erste wegzulassende Ziffer ____, ____, ____, ____, ____, wird abgerundet, ist sie ____, ____, ____, ____, ____, wird aufgerundet.

Runde	... auf eine Dezimale!	... auf zwei Dezimalen!	... auf drei Dezimalen!
3,4528	≈	≈ 3,45	≈
173,00995	≈	≈	≈
0,02543	≈	≈	≈
4,9995	≈	≈	≈

Ungefähr so viel

Runde auf die angegebene Einheit!

3,45 kg ≈ __________ kg

6,56 m ≈ __________ dm

165,45 dm^2 ≈ __________ m^2

5800,5 g ≈ __________ kg

756,2 cm ≈ __________ m

87,452 a ≈ __________ m^2

Schreibe als Dezimalbruch und runde auf eine Dezimale!

$\frac{75}{100}$ = __________ ≈ __________

$\frac{1\,655}{100}$ = __________ ≈ __________

$\frac{67}{200}$ = __________ ≈ __________

$\frac{887}{1\,000}$ = __________ ≈ __________

$\frac{5}{8}$ = __________ ≈ __________

$\frac{16}{125}$ = __________ ≈ __________

Schreibe in die Kästen alle Dezimalbrüche mit zwei Dezimalen, die auf die angegebenen Zahlen gerundet werden!

≈ 1,2			≈ 4,0		
___	___	___	___	___	___
___	___	___	___	___	___
___	___	___	___	___	___
___	___	___	___	___	___

Gib drei Dezimalbrüche an, die auf die angegebene Zahl gerundet werden!

≈ 4,500: ___ ___ ___

≈ 0,7654: ___ ___ ___

≈ 16,4: ___ ___ ___

≈ 0,0: ___ ___ ___

Runde auf zwei Dezimalen und berechne den Rundungsfehler!

5,245 ≈ 5,25 Rundungsfehler: 5,25 – 5,245 = 0,005

1,424 ≈ ___ Rundungsfehler: ___ – ___ = ___

17,287 ≈ ___ Rundungsfehler: ___ – ___ = ___

0,329 ≈ ___ Rundungsfehler: ___ – ___ = ___

18 Dezimalbrüche plus und minus

Das Datum von heute

____

Kassenzettelrechnung
Ergänze die Dezimalbrüche durch Nullen auf die gleiche Stellenzahl und rechne.

5,403
27,21
6,09
+ 0,4081
____

____

8,87
184,0162
50,004
+ 3,974
____

____

87565,72
− 557,01913
____

____

4,011233
− 4,009999
____

____

Fülle die Waben!
Schreibe dazu in der oberen Hälfte in jedes Feld immer die Summe der darunter stehenden Zahlen. In der unteren Hälfte subtrahierst du jeweils die kleinere von der größeren Zahl und trägst das Ergebnis in das darunter liegende Feld ein.

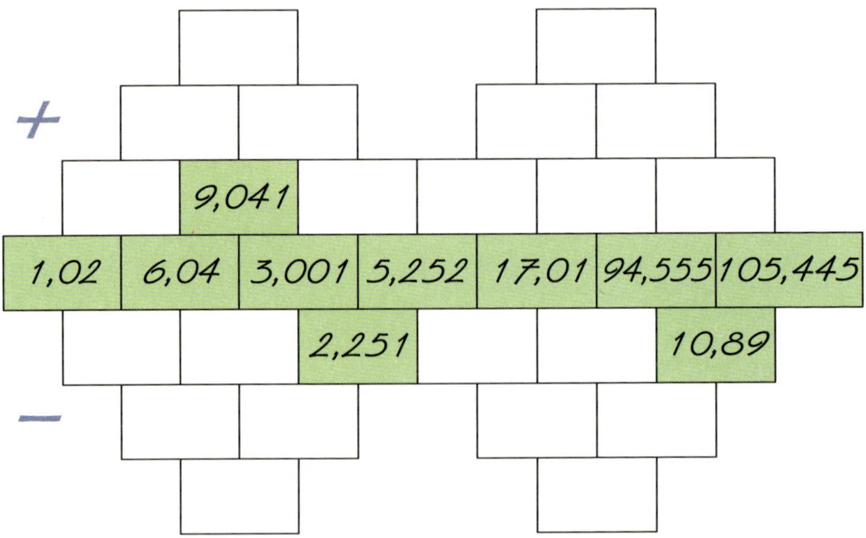

Bruchmischung

Wandle jeweils geeignet in die andere Bruchschreibweise um und berechne.

$6{,}5 - \frac{3}{4} = 6{,}5 - 0{,}75 =$ ________

$1\frac{8}{25} + 16{,}18 =$ ________ $+ 16{,}18 =$ ________

$2\frac{1}{6} + 1{,}5 = 2\frac{1}{6} + 1\frac{1}{2} =$ ______ + ______ = ______ = ______

$11\frac{4}{7} - 5{,}25 = 11\frac{4}{7} -$ ______ = ________ – ________ = ________

Magische Quadrate

Die Summe der Zahlen in jeder Zeile, jeder Spalte und in jeder Diagonalen hat immer denselben magischen Wert. Berechne für jedes Quadrat diesen magischen Wert und ergänze dann die fehlenden Zahlen.

6,40	14,4	
	8,0	$11\frac{2}{10}$
	$\frac{160}{100}$	

Magischer Wert: ____________

0,4	0,05	0,3
	$\frac{9}{20}$	

Magischer Wert: ____________

19 Dezimal mal Dezimal

Das Datum von heute ______________

Einfaches zuerst

Rechne im Kopf und beachte die Verschiebung des Kommas!

$2{,}45 \cdot 10 =$ ________ $0{,}32 \cdot 1\,000 =$ ________

$1{,}34 \cdot 1\,000 =$ ________ $0{,}0026 \cdot 100 =$ ________

$3{,}2 \cdot 0{,}01 =$ ________ $415 \cdot 0{,}001 =$ ________

Du hast sicher die Regel befolgt:

Beim Multiplizieren mit einer Stufenzahl 10, 100, 1 000; ... wird das Komma um so viele Stellen nach rechts verschoben, wie die Stufenzahl ________ hat.

Wird mit einem „Stufenbruch" 0,1; 0,01; 0,001; ... multipliziert, so wird das Komma um dessen Anzahl der ____________ nach links verschoben.

Auch das schaffst du noch im Kopf.

$2{,}4 \cdot 5 =$ ________ $25 \cdot 0{,}4 =$ ________

$50 \cdot 2{,}2 =$ ________ $16 \cdot 0{,}3 =$ ________

$18 \cdot 1{,}5 =$ ________ $12 \cdot 5{,}5 =$ ________

$0{,}14 \cdot 30 =$ ________ $1{,}2 \cdot 0{,}12 =$ ________

Setze das richtige Zeichen (<, =, >) ein!

130 · 0,13 ______ 1,3 · 1,3

2,4 · 0,02 ______ 0,024 · 20

250 · 0,04 ______ 0,1 · 11

2,5 · 0,25 ______ 625 · 0,001

Multipliziere schriftlich und überprüfe durch eine Überschlagsrechnung!

Beispiel:

24,75 · 0,046
9900
14850
1,13850

Überschlag: 25 · 0,05 = 1,25

0,	0	7	7	·	1,	4	5		

Überschlag: 0,08 · 1,5 = 0,12

2	7,	8	·	4,	3				

Überschlag: ______________

0,	0	2	5	·	0,	0	6	6	

Überschlag: ______________

Multipliziere die Zahlen nebeneinander liegender Felder und notiere das Ergebnis im Feld darunter!

0,1	25	0,04	75	0,02
2,5				

20 Geteilte Dezimalen

Das Datum von heute

____

Schiebung

Rechne alles im Kopf. Denke dabei an die Regel:

Beim Dividieren durch eine Stufenzahl 10, 100, 1 000; ... wird das Komma um so viele Stellen nach links verschoben, wie die Stufenzahl _________ hat.

Wird durch einen „Stufenbruch" 0,1; 0,01; 0,001; ... dividiert, so wird das Komma um dessen Anzahl der _________ nach rechts verschoben.

7,51 : 10 =	_____________	75,1 : 1 000 =	_____________
809,1 : 100 =	_____________	0,0026 : 100 =	_____________
0,612 : 0,1 =	_____________	505,05 : 0,001 =	_____________
0,01 : 0,0001 =	_____________	2,5 : 0,01 =	_____________

Kettenrechnung

Rechne fortlaufend im Kopf.

Knobelei

Ein Bleistift kostet 45 Cent mehr als die Hälfte seines Preises.
Der Bleistift kostet also _________ .
Welche Zahl ist um 4,8 größer als ihr dritter Teil? Es ist _________ .
Welche Zahl ist um 3,6 kleiner als ihr Vierfaches? Es ist _________ .

Einfach geteilt

Wenn du vorne das Komma überschreitest, musst du im Ergebnis das Dezimalkomma setzen.

Reichen die Dezimalen im Dividenden nicht aus, hängst du Nullen an.

6,5 : 5 = 1,3
5
15
15
0

0,9 : 2 = 0,45
8
10
10
0

3,876 : 6 = ______

111,6 : 25 = ______

0,4500 : 125 = ______

625,5 : 75 = ______

Zuerst verschoben, dann geteilt

Verschiebe vor der Division das Komma beim Dividenden und beim Divisor so, dass der Dividend eine natürliche Zahl wird.

5,12 : 3,2 = 51,2 : 32 = ______

10,23 : 0,55 = 1 023 : 55 = ______

27,072 : 4,8 = ______ : ______ = ______

0,713 : 0,0046 = ______ : ______ = ______

21 Die Mischung macht's

Das Datum von heute

____

Punkt vor Strich

$4{,}5 + 6{,}2 \cdot 0{,}5 = 4{,}5 +$ ________ = ________

$17{,}3 - 16{,}45 : 5\frac{7}{8} = 17{,}3 - 16{,}45 :$ ______ $= 17{,}3 -$ ________ = ________

$1{,}065 - 0{,}065 \cdot 2{,}4 =$ ____________________________ = ________

$3{,}6 : \frac{3}{4} + 0{,}25 \cdot 2\frac{4}{5} =$ ____________________________ = ________

Klammern halten fest zusammen

$8{,}3 \cdot (7{,}005 - 0{,}755) =$ ____ $\cdot$ ________ = __________

$(4{,}25 \cdot 12{,}6) : 0{,}09 + 5 =$ ________ $: 0{,}09 + 5 =$ ________ $+ 5 =$ ________

$[(4{,}65 + 28{,}35) \cdot 4{,}6 - 13{,}2] : (0{,}7 \cdot 3{,}3) =$

= [________ · ______ – ________] : ________ =

= [________ – ________] : ________ = ________ : ________ = ______

Zahlen statt vieler Worte

Multipliziere die Summe aus 4,23 und 8,97 mit 2,55.

(________ + ________) · ________ = ________ · ________ = ________

Dividiere die Differenz der Zahlen 155,55 und 54,3 durch die Summe der Zahlen 0,063 und 0,0045.

(__________ – __________) : (__________ + __________) =

= __________ : __________ = __________

Gebrochene Brüche

$\frac{7,7}{2,2} = 7,7 : 2,2 =$ ______

$\frac{0,21 \cdot 0,039}{0,0078 \cdot 2,8} =$ ______________ = ________

Gleich habe ich die Lösung

Berechne die gesuchte (Bruch-)Zahl *x*.

$3,4 : x = 2,5$

$x = 3,4 : 2,5$

$x =$ ______________

$x : 0,2 = 0,035$

$x =$ ______________

$x =$ ______________

$x \cdot 5,02 = 72,79$

$x =$ ______________

$x =$ ______________

$2,1 \cdot x = 0,189$

$x =$ ______________

$x =$ ______________

Mit welcher Zahl musst du den 100. Teil des Quotienten der Zahlen 16,04 und 4 multiplizieren, um die Differenz von 0,98 und 0,0176 zu erhalten?

[(________ : ______) : ______] · ______ = ______ – ________

[________ : ______] · ______ = __________

________ · ______ = __________

$x =$ __________ : ________

$x =$ ________

Die gesuchte Zahl heißt ______.

22 Dezimalbrüche: endlich und unendlich

Das Datum von heute

____

Die Zauberformel: Aus Bruch wird Dezimalbruch.

Jeder Bruch ist ein Quotient: $\frac{a}{b} = a : b$.

Du kannst deshalb jeden Bruch durch eine Division in einen Dezimalbruch umwandeln.

$\frac{4}{5} = 4 : 5 = 0,8$

Hier geht die Division auf, du erhältst einen **endlichen** Dezimalbruch.

$\frac{16}{12} = 16 : 12 = 1,3333333 \ldots$

Hier geht die Division nicht auf, es ergibt sich ein **unendlicher, periodischer** Dezimalbruch.
Die Ziffernfolge, die sich wiederholt, heißt **Periode**.
Kurzschreibweise: $1,333 \ldots = 1,\overline{3}$
Sprechweise: „Eins Komma Periode drei"

$4\frac{7}{16} = \frac{71}{16} = 71 : 16 =$ ______

$\frac{1}{6} = 1 : 6 = 0,$ ______ $= 0,1\overline{6}$

$\frac{2}{3} =$ ______ = ______

$\frac{6}{2\,500} =$ ______

$\frac{1}{9} =$ ______ = ______

$\frac{2}{9} =$ ______ = ______

$\frac{17}{22} =$ ______ = ______

$3\frac{4}{27} =$ ______ = ______

Schreibe in Kurzform!

$0,34343434 \ldots =$ ______

$6,872727272 \ldots =$ ______

$17,745745745 \ldots =$ ______

$0,46214621 \ldots =$ ______

Schreibe ausführlich, indem du die Periode einige Male wiederholst!

$0,\overline{7}$ = 0,77777 ... 2,4$\overline{27}$ = 2,4272727 ...

$1,\overline{45}$ = ____________ $3,\overline{455}$ = ____________

$0,8\overline{12}$ = ____________ $12,\overline{4025}$ = ____________

Ordne der Größe nach!

_______ < _______ < _______ < _______ < _______ < _______

Runde die unendlichen, periodischen Dezimalbrüche auf 3 Dezimalen!

$0,\overline{5} \approx$ 0,556 $0,\overline{3} \approx$ ________ $5,\overline{25} \approx$ ________

$4,6\overline{8} \approx$ ________ $6,\overline{490} \approx$ ________ $1,\overline{9} \approx$ ________

Wenn's nicht aufgeht, wird gerundet!
Rechne so weit, dass du das Ergebnis auf 2 Dezimalen runden kannst.

16,5 : 4,1 = 4,024 ... ≈ 4,02

455,5 : 300 = ____________ ≈ ______

15,224 : 25,4 = ____________ ≈ ______

99 : 77 = ____________ ≈ ______

0,0812 : 4,5 = ____________ ≈ ______

26 : 9 = ____________ ≈ ______

23 Winkelzüge

Das Datum von heute

____

Schätze zunächst die Größe der Winkel und nenne die Art des Winkels. Miss dann jeden Winkel!

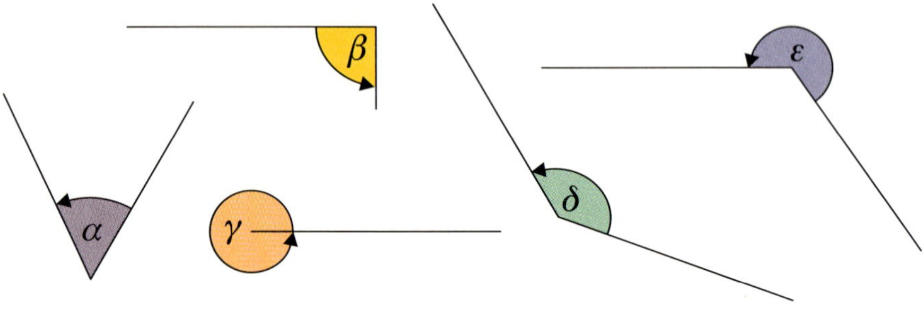

Winkel	α alpha	β beta	γ gamma	δ delta	ε epsilon
Winkelart	*spitz*				
Schätzung	≈	≈	≈	≈	≈
Messung					

Zeichne die Winkel ausgehend vom vorgegebenen 1. Schenkel!

× 45° ________________

× 76° ________________

× 225° ________________

× 130° ________________

Winklige Wege

Zeichne immer, ausgehend vom ersten Schenkel, zum angegebenen Winkel (gegen den Uhrzeigersinn) den zweiten Schenkel in der vorgegebenen Länge. Dessen Ende ist der Scheitel des nächsten Winkels.

Beginne bei A: 90° und 2 cm → 150° und 2 cm → 60° und 2 cm → 240° und 1 cm → 240° und 2 cm → 60° und 2 cm. Nenne diesen Endpunkt C.

Beginne bei B: 110° und 1 cm → 320° und 1 cm → 40° und 1 cm → 320° und 1 cm. Nenne diesen Endpunkt D.

Verbinde die Punkte C und D mit dem Punkt E. Welches Tier erkennst du?

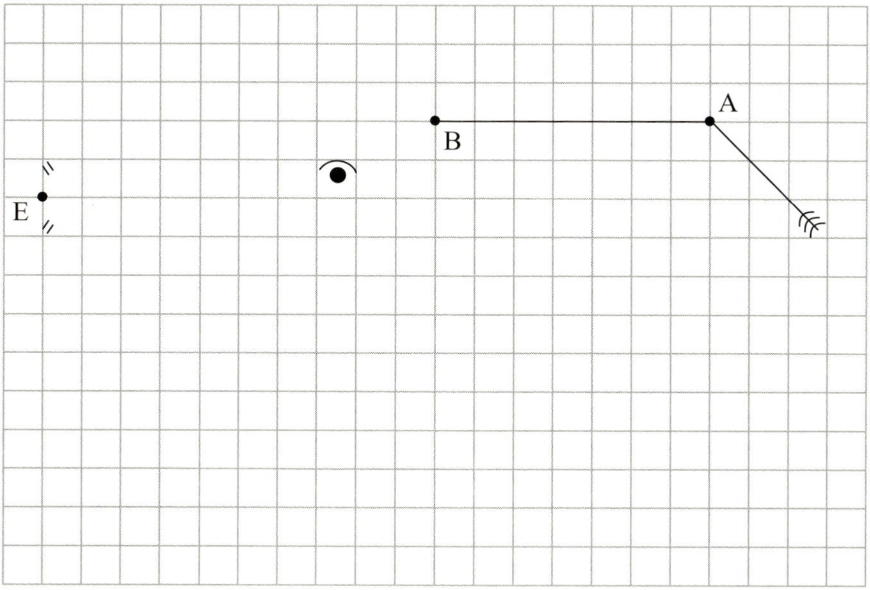

Winkelsuche

Markiere durch einen farbigen Bogen:
alle 90°-Winkel blau,
alle 60°-Winkel rot und
alle 30°-Winkel grün.

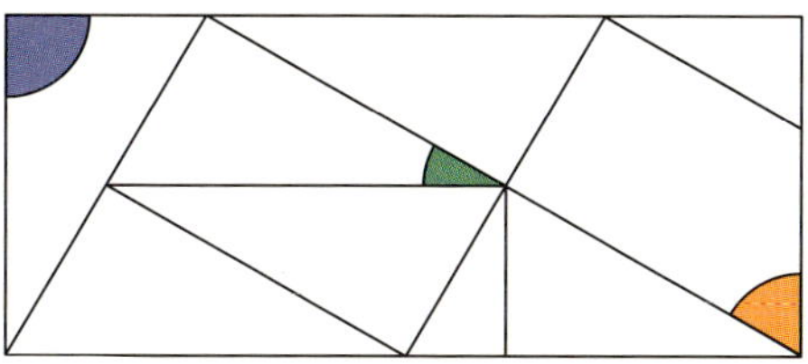

24 Und noch mehr Winkel

Das Datum von heute ______

Winkel zwischen den Zeigern der Uhr

Der Minutenzeiger überstreicht in einer Minute 360° : 60 = 6° in einer Sekunde 6° : 60 = 0,1°
Der Stundenzeiger überstreicht in einer Stunde 360° : 12 = 30° in einer Minute 30° : 60 = 0,5°

Um 7^{24} haben die beiden Zeiger, ausgehend von der „12 Uhr"-Stellung, folgende Winkel zurückgelegt:

Minutenzeiger: 24 min, d. h. 24 · 6° = ______

Stundenzeiger: 7 Std. und 24 min, d. h. 7 · 30° + 24 · 0,5° = ______

Der Winkel zwischen den Zeigern beträgt also 222° – 144° = ______

Berechne für die folgenden Uhrzeiten den Winkel zwischen den Zeigern!

6^{15}

Minutenzeiger: 15 min, d. h. ____ · 6° = ________

Stundenzeiger: 6 Std. und 15 min, d. h. ____ · 30° + ____ · 0,5° = ______

Der Winkel zwischen den Zeigern: ______ – ______ = __________

12^{30}

Minutenzeiger:

____

Stundenzeiger:

____

Winkel:

____

14^{42}

Minutenzeiger:

____

Stundenzeiger:

____

Winkel:

____

Kleine Winkelmaße

Untereinheiten von 1° sind die Winkelminute 1' und die Winkelsekunde 1''.
Es gilt: 1° = 60' = 3 600''; 1' = 60''.

Rechne in die kleinste angegebene Einheit um: 4° 30' = 270'!

12° 25' = ________ 6° 45' = ________ 8° 40' 25'' = ____________

Gib in °, ', '' an: 1 550' = __________ 5° 440'' = ____________

Wahl und Bruchteile

Klassensprecherwahl in der 6c. An der Tafel stehen noch die Ergebnisse der Wahl.
Zeichne ein Kreis- und ein Streifendiagramm für die Stimmenverteilung.

	Stimmen	Bruchteil
Anne	10	0,4
Eva	8	0,32
Florian	7	0,28
	25	1,00

Berechnungen für das Streifendiagramm.

Anne: 0,4 · 10 cm = ______

Eva: 0,32 · 10 cm = ______ Florian: 0,28 · 10 cm = ______

Berechnungen für das Kreisdiagramm:

Anne: 0,4 · 360° = ________

Eva: 0,32 · 360° = ________

Florian: 0,28 · 360° = ________

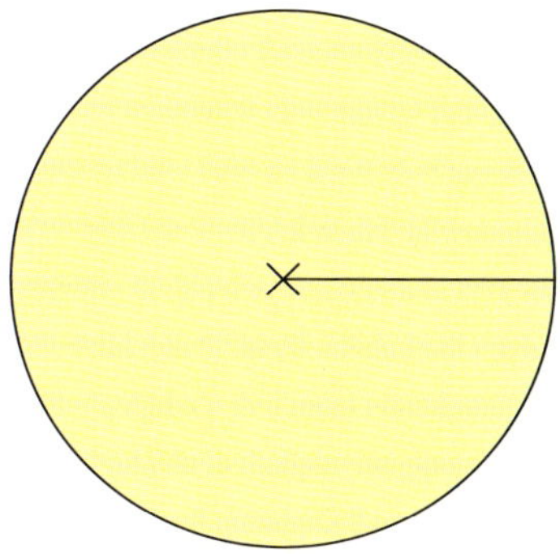

25 Zusammengebaut

Das Datum von heute

____

Gut gewürfelt

Jeder Körper ist aus Würfeln mit der Kantenlänge 10 cm (Dezimeterwürfel) gebaut.

Welcher Körper hat den größeren Rauminhalt?

Körper 1 besteht aus ____ Würfeln, das ergibt _________ dm^3.

Körper 2 besteht aus ____ Würfeln, das ergibt _________ dm^3.

Körper ____ hat also den größeren Rauminhalt.

Angeschnittene Würfel

Die gezeichneten Körper bestehen aus ganzen und angeschnittenen Dezimeterwürfeln.
Bestimme ihren Rauminhalt!

Körper 1: _______ dm^3 Körper 2: _______ dm^3 Körper 3: _______ dm^3

Das Siegerpodest und die Brücke bestehen aus Würfeln mit der Kantenlänge 5 cm. Bestimme durch Auszählen der benötigten Würfel und der sichtbaren Würfelseiten jeweils das Volumen und die Oberfläche.

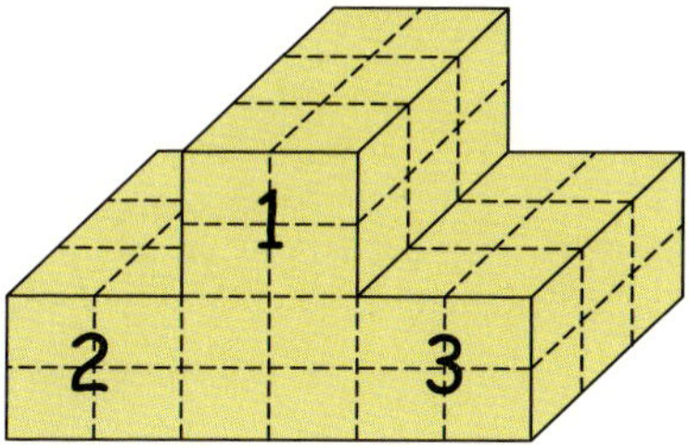

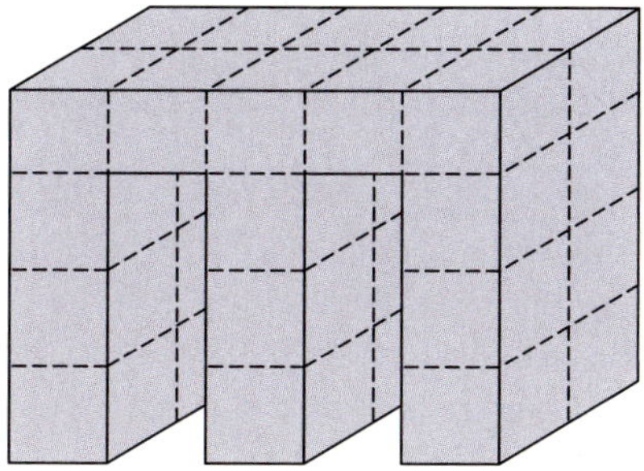

Volumen eines Würfels: ____ cm^3 Flächeninhalt einer Würfelseite: ____ cm^2

	Siegerpodest	Brücke
Volumen	____________ cm^3	____________ cm^3
Oberfläche	____________ cm^2	____________ cm^2

Wie viele Würfel benötigt man, um die Körper zu einem Quader zu ergänzen?

Anzahl der Ergänzungswürfel:		

Was gehört zusammen?
Ordne jedem Netz einen Quader zu. Orientiere dich an den Zeichen.

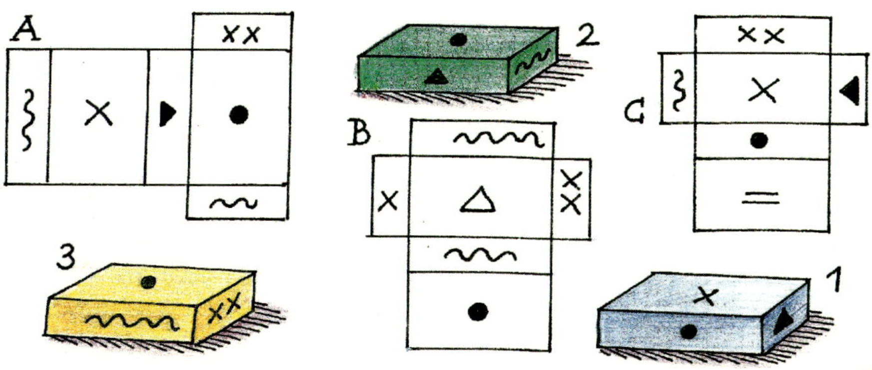

A ________ B ________ C ________

26 Da ist was drin

Das Datum von heute

____

Quadermaße

Ergänze in der Tabelle die Angaben für einen Quader!

Länge l	4 m	40 cm	5 m
Breite b	31 dm	0,4 m	6 dm
Höhe h	0,7 m	4 dm	2 m
Volumen V			
Oberfläche A_0			

Aus Quadern zusammengesetzt

Berechne die Rauminhalte! Zeichne dazu Begrenzungslinien für geeignete Teilquader ein, aus denen die Körper zusammengesetzt sein können.

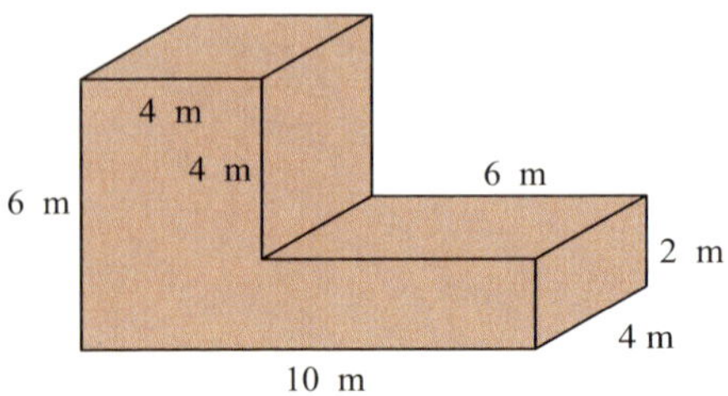

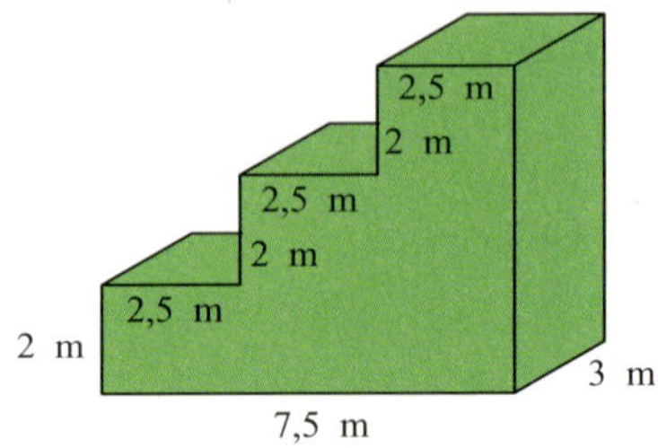

Körper 1
Rauminhalte der Teilquader:

Körper 2
Rauminhalte der Teilquader:

Gesamtvolumen des Körpers 1:

____

Gesamtvolumen des Körpers 2:

____

Rechne die Raummaße in die angegebenen Einheiten um!

6,2 dm^3 = ________________ m^3

650,3 cm^3 = ______________ dm^3

0,483 m^3 = ________________ cm^3

0,27 dm^3 = ______________ l

465 hl = ________________ m^3

0,0006 m^3 = ______________ cm^3

Ein Aquarium ist innen 50 cm lang, 30 cm breit und 40 cm hoch. Klaus füllt den Boden mit Sand auf und legt einige Steine hinein und setzt Wasserpflanzen ein. Nachdem Klaus 46,5 l Wasser in das Aquarium gefüllt hat, steht der Wasserspiegel 34,5 cm über dem Boden. Welches Volumen haben Sand, Steine und Pflanzen zusammen?

____

____

____

Flüssiges zum Tragen

Ein Kasten Mineralwasser enthält 12 Flaschen zu je 0,7 dm^3.
Wie viele Kästen und Flaschen benötigt man für 31,5 l Mineralwasser?

27 Jetzt geht's rund

Das Datum von heute ____________

Der lachende Otto  und der missmutige Kuno 

Verwende für deine Zeichnung die vorgegebenen Mittelpunkte und zeichne Kreise mit folgenden Radien:
Gesicht: r = 3 cm; Augen: r = 1,5 cm; Ohren: r = 1 cm; Mund: r = 1,75 cm.

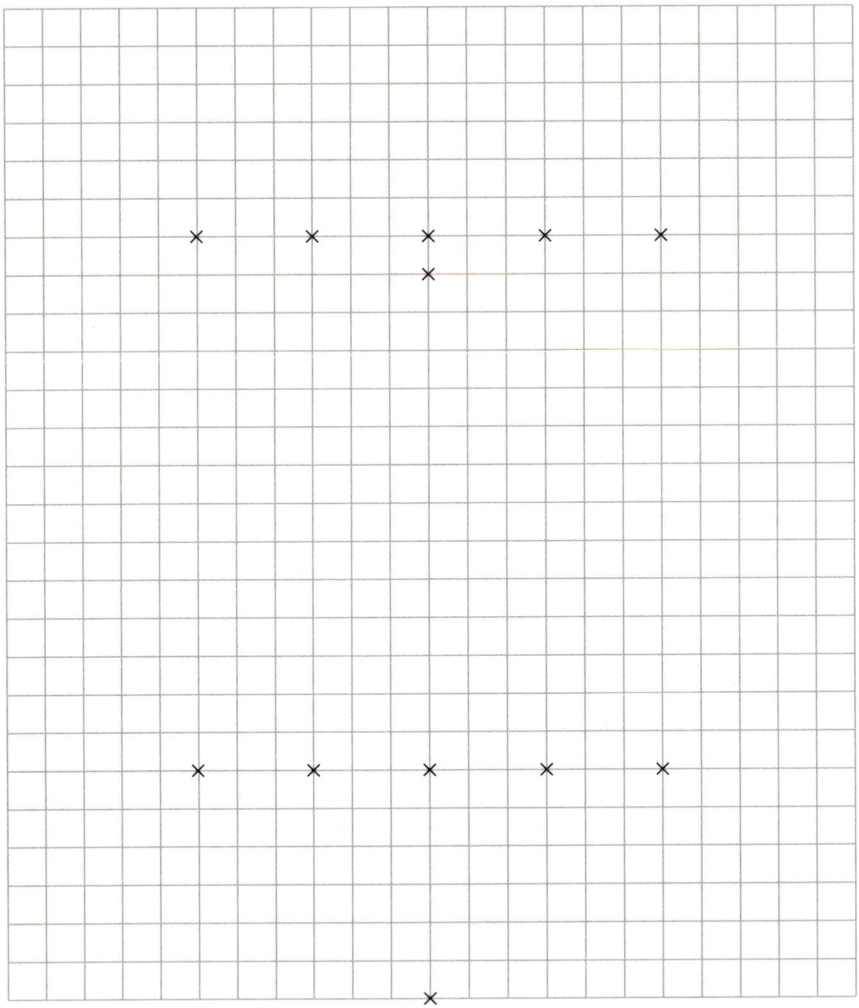

Innen drin und außen rum

Den Umfang und den Flächeninhalt eines Kreises kannst du näherungsweise berechnen, wenn der Radius des Kreises bekannt ist. Es gelten die Näherungsformeln:

Umfang $u \approx 2 \cdot r \cdot 3{,}14$	Flächeninhalt $A \approx r \cdot r \cdot 3{,}14$

Kreis 1:
Radius r = 3 cm

$u \approx 2 \cdot 3\text{ cm} \cdot 3{,}14 =$ ______

$A \approx 3\text{ cm} \cdot 3\text{ cm} \cdot 3{,}14$

$=$ ______

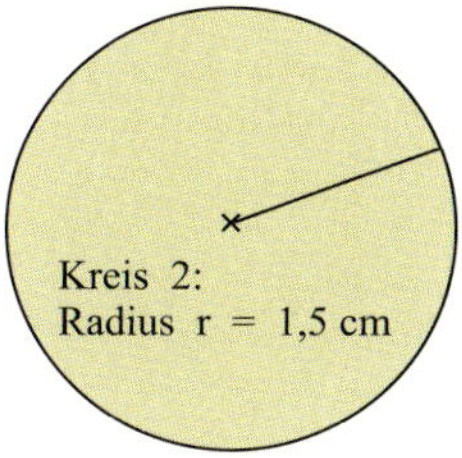

$u \approx$ ______ $=$ ______

$A \approx$ ______

$=$ ______

Krumme Figuren

Berechne Umfang u (Gesamtlänge der Außengrenze) und Flächeninhalt A des farbigen Flächenstückes!

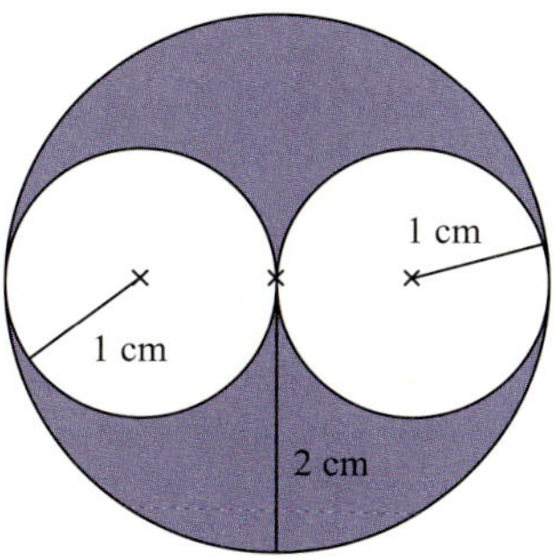

$u = u_{\text{großer Kreis}} + 2 \cdot u_{\text{kleiner Kreis}}$

$\approx$ ______ $+$ ______

$=$ ______

$A = A_{\text{großer Kreis}} - 2 \cdot A_{\text{kleiner Kreis}}$

$\approx$ ______ $-$ ______

$=$ ______

28 Je mehr, desto mehr

Das Datum von heute

____

Ein Kleinwagen verbraucht auf 100 km im Durchschnitt 6,5 l, eine große Limousine hat einen durchschnittlichen Verbrauch von 9,5 l auf 100 km. Vervollständige die Verbrauchstabelle!

	25 km	50 km	100 km	200 km	400 km	600 km
Kleinwagen			6,5 l			
Limousine			9,5 l			

Stelle den Benzinverbrauch der beiden Autos in einem Diagramm dar! Verwende dazu passende Werte aus der Tabelle!

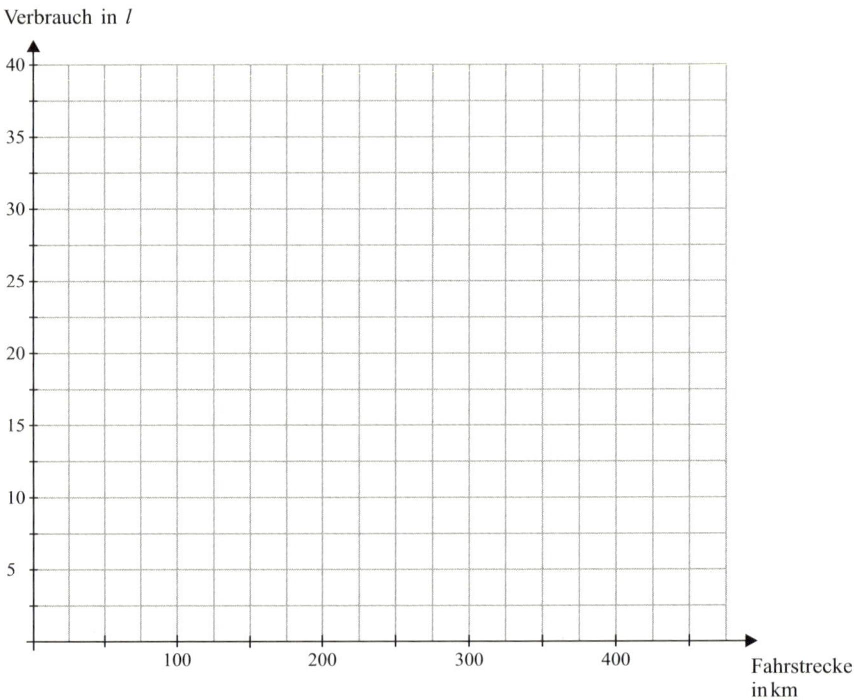

Entnimm Näherungswerte aus dem Diagramm!

	Kleinwagen	Limousine
Verbrauch bei 300 km		
Differenz im Verbrauch nach 350 km		
Fahrstrecke bei 15 l		
Differenz der Fahrstrecke bei 25 l		

Vervollständige die proportionalen Zuordnungen in den Tabellen!

Buchenholz

Volumen → Masse	
0 dm³	
1 dm³	0,8 kg
2 dm³	
	3,2 kg
6 dm³	

Blei

Volumen → Masse	
	0 kg
1 dm³	
2 dm³	22,7 kg
3 dm³	
	68,1 kg

Direkt proportional?
Entscheide, ob die Zuordnung eine direkte Proportionalität ist!

Alter → Körpergröße ☐ Ja ☐ Nein

Anzahl von Münzen → Stapelhöhe ☐ Ja ☐ Nein

Anzahl von Eisenkugeln → Gesamtgewicht der Kugeln ☐ Ja ☐ Nein

Geschwindigkeit → In 20 min zurückgelegter Weg ☐ Ja ☐ Nein

Lernzeit → Menge des Wissens ☐ Ja ☐ Nein

29 Vom einen mehr, vom anderen weniger

Das Datum von heute ____________

Aufgefüllt

Das Schwimmbecken im Freibad wird von 8 Pumpen in 12 Stunden gefüllt. Bademeister Flosse will wissen, wie lange es dauert, wenn nur 1, 2, 3, 4, 5 oder 6 Pumpen eingesetzt werden können.
Trage in die Tabelle die Wertepaare der Zuordnung „Anzahl der Pumpen“ → „Füllzeit in Stunden“ ein.
Berechne dann das Produkt der einander zugeordneten Werte.

Anzahl der Pumpen	1	2	3	4	5	6	8
Füllzeit in Stunden				24			12
Produkt							96

Du siehst: Das Produkt aus den einander zugeordneten Werten ist konstant. Das ist ein Erkennungsmerkmal für eine indirekte (umgekehrte) Proportionalität. Man sagt: Die Anzahl der Pumpen und die Füllzeit sind zueinander indirekt (umgekehrt) proportional.

Ein Swimmingpool fasst 90 000 l Wasser. Beim Füllen fließen pro Minute 150 l Wasser in den Swimmingpool.
Trage in die Tabelle die Wertepaare der Zuordnung „Füllzeit in min“ → „auf 90 000 l fehlende Wassermenge“ ein.

Füllzeit in min	10	60	120	240	300	480	600
Auf 90 000 l fehlende Wassermenge in l		81 000					

Ist dies auch eine indirekte (umgekehrte) Proportionalität? ☐ Ja ☐ Nein

Die Seitenlängen von Rechtecken mit gleichem Flächeninhalt sind zueinander indirekt (umgekehrt) proportional. Finde zusammengehörende Längenpaare für Rechtecke mit dem Flächeninhalt 16 dm².

Seite a in dm	0,5	1	2			8	
Seite b in dm			8				
$a \cdot b$ in dm²			16				

Mit dem Trinkwasservorrat auf einem Segelboot können 15 Personen 36 Tage lang versorgt werden (wenn jede Person pro Tag die gleiche Menge Wasser trinkt).

Wie viele Personen können 20 Tage lang versorgt werden?

36 Tage → 15 Personen

Überlege zuerst, wie viele Personen versorgt werden könnten, wenn die Fahrt nur einen Tag dauern würde:

1 Tag → 36 · 15 = ______ Personen

Überlege nun, für wie viele Personen es bei 20 Tagen ausreicht:

20 Tage → ___________

Wie lange reicht das Wasser, wenn nur 10 Personen an Bord sind?

15 Personen → 36 Tage

Überlege zuerst, wie viele Tage das Wasser reichen würde, wenn nur eine Person versorgt werden müsste:

1 Person → ________

Überlege nun, wie lange es für 10 Personen ausreicht:

10 Personen → ___________